人本×互動設計

有溫度的思考，讓設計滿足使用需求

INTER-
ACTIVE
DESIGN

An Introduction to the Theory and
Application of User-Centered Design

人本X互動設計
有溫度的思考，讓設計滿足
使用需求

編　　　　著	Andy Pratt、Jason Nunes	
企 畫 編 輯	黃郁蘭	
執 行 編 輯	黃郁蘭	
版 面 構 成	郭哲昇	
業 務 經 理	徐敏玲	
業 務 主 任	陳世偉	
行 銷 企 劃	陳雅芬	
出　　　　版	松崗資產管理股份有限公司	

台北市忠孝西路一段 50 號 7 樓之 3
電話：(02) 2383-3398
傳真：(02) 2383-5266
網址：http://www.kingsinfo.com.tw
電子信箱：service@kingsinfo.com.tw

ISBN	978-957-22-4163-9
圖 書 編 號	UM1318
出 版 日 期	2013 年 (民 102 年) 8 月初版

國家圖書館出版品預行編目資料

人本X互動設計：有溫度的思考，讓設計滿足使用需求 / Andy Pratt, Jason Nunes著；吳國慶譯. -- 初版. -- 臺北市：松崗資產管理, 民102.08
　　面；　公分
譯自：Interactive design : an introduction to the theory and application of user-centered design
ISBN 978-957-22-4163-9(精裝)

1.人機界面 2.系統設計 3.網頁設計

312.014　　　　　　　　　　102008905

An Introduction to the Theory and
Application of User-Centered Design

INTER-
ACTIVE
DESIGN

人本x互動設計

有溫度的思考，讓設計滿足使用需求

ANDY PRATT & JASON NUNES 著
吳國慶 譯

CONTENTS

本書簡介

本書所要探討的是從網路到手機、從構造到服務等各種形式的互動設計，並且透過這些優秀設計師們在工作時的心路歷程，也就是當他們想要植入某些生活體驗到人們身上，吸引大眾進一步溝通，並且鼓勵他們進行回應與互動時所使用到的技巧與策略，作為本書範例。

現代的設計師，比起過去來説，更需詳細瞭解互動設計的因果關係，亦即設計給以「螢幕」觀看為基礎的使用者經驗。我們的生活四周充滿螢幕，不光是電腦螢幕，螢幕也泛指電視、手機、平板電腦、電子書閱讀器、汽車儀表板、提款機、結帳櫃台、各種設備…等處。即使您的職業主要聚焦在印刷出版、動畫或工業設計方面，但這些設計產品或設計體驗，仍有機會以某種形式延伸到互動的數位世界中，因為您的設計作品中有可能含有螢幕或者被呈現在螢幕上。

值得一提的是，這些最厲害的互動設計師之中，有一部分具有傳統設計的背景，包括印刷、動畫、甚至是創意寫作等。

也就是說，本書是寫給設計系學生、傳統設計師，以及對「互動設計」與「使用者中心設計（UCD）」的基礎知識與實踐過程有興趣的任何人。這本書並非步驟式的使用說明（因為我們並不相信世界上真的有一套完美步驟可適用於所有設計層面）。相反的，我們比較強調實踐「使用者中心」的成功互動企畫案。本書將會探討這些實際執行的內容，以及為何它們是較為成功的設計。

從最簡單的形式來看，UCD指的是針對「個人」的設計。也就是把人，或說使用者，放在設計流程的中心點。因為我們相信，若能依循「使用者中心」的流程，關注於理解與迎合人們的實際需求，便會導向更為成功的設計，獲得更多樂趣。畢竟，人類是社會性的動物。

當然，所有的設計企劃案均不相同，它們之間存在諸多差異，必須加以歸類區分，包括策略、預算、時間表以及到底誰出錢等？我們具有30年以上的設計經驗，範圍包括網路、行動裝置、購票機、電視機上盒、平板電腦與其他裝置的使用介面…等。除了設計工具、應用程式、遊戲，以及各種形式的顧客互動體驗之外，內容也包括圖片、影片或其他類型體驗等。從這些經驗中，不論成功或失敗，都引領我們瞭解設計是為「人」而做。從了解這些人是誰、他們想要什麼、住在哪裡、在何處工作、最後符合他們未被滿足的需求點，便可導向更佳的設計與更成功的產品，且更滿足於身為設計師的喜悅。

我們誠心希望這本書能為年輕設計師們，展現新的設計思考模式與作業方式，最後能導引各位做出更完美的設計作品。

Andy Pratt與Jason Nunes

100則
使用者經驗背景

我們針對使用者經驗（UX）專家的網路調查，會詢問三個問題：何種專業背景讓您成為UX專家？現居何處？目前的工作職稱？

為了能夠完整揭露，本項調查很難符合科學方法所要求的基本方針。例如「專業背景」一項，本來就有點籠統。但如我們所預料的，問卷結果顯示了此項專業所涵蓋的背景範圍很廣。不過現在各大學學院已經持續開發「互動設計」所需的相關計劃，因此以後這個問題的結果可能就會有所轉變，讓更多人可以在更早的學習階段，就參與相關課題。

在調查過程中，我們也發現工作職稱的差異性。如同預期，有些人的職稱就是使用者經驗總監、UX設計指導、資訊架構師等。然而若職稱為網頁前端工程師、設計總監、電腦工程師等，其相關的程度看起來就不明顯。也就是說，可能在其他的互動專業項目，對於UX專業需求有某種程度的提升。這當中我們最喜歡的頭銜便是hackstar（TechStars網站http://www.techstars.com/hackstars/，替有想法但缺乏團隊的開發者或是設計師所提供的專案計畫，符合資格的設計師可以填表格申請加入該專案）。

在數位設計範疇持續擴展下，新的職業會不斷的從需求中產生。舉例來說，針對內容策劃師或社群媒體經理專業的調查研究中，可相當程度的發現背景、職稱的相似差異性。這個領域不斷的在改變，將來某天當您回首過往時，會訝異於身為設計師一職的轉變進化程度。

參與者的專業背景

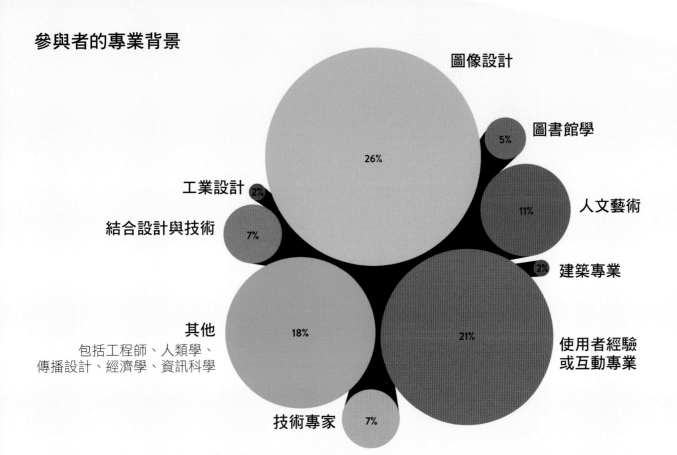

圖像設計 26%

圖書館學 5%

人文藝術 11%

建築專業 2%

工業設計 2%

結合設計與技術 7%

其他
包括工程師、人類學、
傳播設計、經濟學、資訊科學 18%

技術專家 7%

使用者經驗
或互動專業 21%

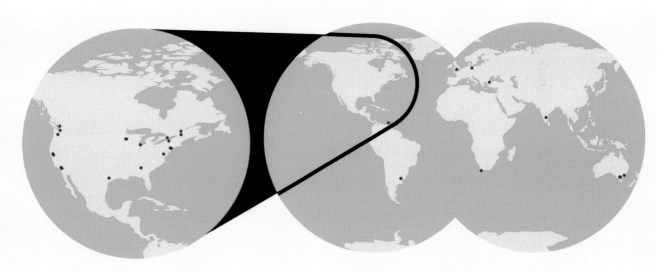

參與者的居住地點

美國	聖保羅	加拿大	委內瑞拉	土耳其	印度
波特蘭	芝加哥	多倫多	波拉瑪	伊斯坦堡	海德拉巴
西雅圖	亞特蘭大	蒙特婁	**阿根廷**	**英國**	**澳大利亞**
舊金山	奧斯丁	溫哥華	布宜諾斯艾	倫敦	雪梨
洛杉磯	柏靈頓		利斯	**南非**	吉隆坡
山景城	羅契斯特市		**德國**	開普頓	墨爾本
巴莎迪那	紐約		柏林		
聖摩尼卡	布魯克林				
明尼阿波里斯	華盛頓				

繪圖：William Ranwell

"19th-century culture was defined by the novel,

20th century by the cinema,

the culture of the 21st century

will be defined by

the interface."

Lev Manovich, referenced by
Aaron Koblin in his TED2011 talk, March 2011

「19 世紀的文化由小說來詮釋，20 世紀的文化由電影來闡明，21 世紀的文化將會由「介面」來定義。」

—— 原句出自Lev Manovich

　　　Aaron Koblin在2011年3月份於TED2011大會演講引述

何謂「使用者中心設計」？
我們為何需要它？

「使用者中心設計（UCD）」是種設計哲學，也就是讓產品、應用程式或體驗中的使用者，位於設計流程的核心。在UCD中，設計師努力地對終端產品的使用者以及對他們的需求、渴望與限制進行詳細了解，並接著做出能讓這些理解內容具體化的設計抉擇。

UCD要求設計師不只是分析與預想使用者跟產品的相遇情況，同時也要讓自己的設計在現實生活裡，讓真實使用者們進行測試工作。

「測試」是UCD作業的基本要件之一，因為設計師通常很難直接知道使用者會如何認識、了解與使用他們的設計產品。

Q ArmCoach

—— 由Dinis Meier、Samuel Bauer設計
蘇黎世藝術大學，蘇黎世，瑞士

中風的病人，立即被迫要面對許多生活條件上的限制。這些限制通常包括身體一側某部分肢體或全部肢體無法行動。而復健的過程極其漫長、費盡心力，導致許多病人忽略這些治療。如此只會拖延復原的時間，而且通常會導致沮喪或更深的挫折感。

文接14頁 ⌐

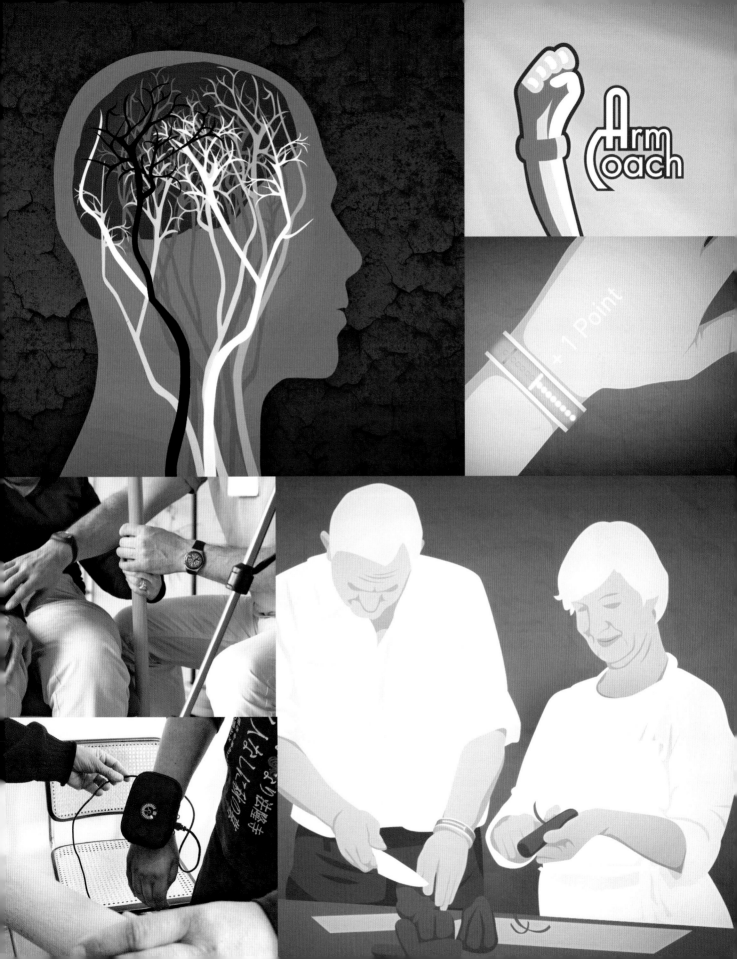

↰ 續接12頁

ArmCoach是種產品概念，以改變動作的方式作為動機。病人戴上一個提示型的手環，讓他們記得每天定時移動受損部分的肢體，如果完成動作，小小的Led燈便會亮起。

亮起的燈數越多，病人得到的分數也越多。而這項動作信息會傳送到可連線的App程式，讓使用者可以長期追蹤進度，並可收到實用的手部運動提示。此項產品可幫助病人，讓他們覺得自己更能掌控復健進度。

在進行設計之前，設計小組進行了實地調查與訪談，以便更了解病人的需求、病人與治療師之間的關係，以及他們彼此共同面對的困難點。

設計小組建立了不同的原型裝置，以便在真實環境下測試此項產品。這些原型裝置提供了極為重要的有效回應，幫助修改到更為理想的產品。最後，從使用者一方所獲得的回應都是相當肯定的。

以「使用者中心設計」概念為主的產品設計，對於使用者的生活會有更具意義的幫助。ArmCoach的設計概念已被廣為接受，有好幾家公司都表達興趣，將進一步研發推出。

更多詳情：請搜尋ArmCoach

案例研究－ArmCoach
設計者－Dinis Meier、Samuel Bauer
所在地－蘇黎世，瑞士

「使用者中心設計」簡史

在1940年代，「人因工程」與「人體工程學」，均屬於企圖建立物理物件（如飛機駕駛艙的人體工學造型）的設計流程項目，並加以考量人體形狀與動作造成的效果。

在1960年代，由於「認知心理學」的誕生，「符合人體工學」的概念（也就是配合人體的設計），進化成為「認知符合」，亦即除了人體設計考量之外，還需加入感官限制、演繹能力與記憶等。這種「認知心理學」的嶄新概念，很快地便導入「人機互動（HCI）」的快速發展領域，也就是用來檢驗人類如何與之互動，以及如何使用這項根基強大的設計物件，亦即電腦。

1970年代所使用的田野調查法（ethnographic research）技巧，如「貼身記錄（Shadowing）」與「情境訪談（Contextual interview）」，亦被併入快速發展的UCD原理中。提供了設計師更多強而有力的工具來了解目標使用者。

時至今日，UCD已成為具說服力的設計原理，並經常應用在互動式數位產品，如網站到電玩之類的互動設計（IxD）過程中。不過，UCD也經常被運用在其他設計領域，從建築、銀器、手機，到街上的招牌…等等都是。

所以說，UCD是設計師們用來「精進設計」的一套強而有力的工具。

使用者中心設計（UCD）
與互動設計（IxD）

將使用者放在互動設計流程中心，並考慮他們想要的與需要的，可以增加設計師建立互動產品的潛力，讓它們更容易學習與使用，更為成功也更為有趣。然而即使UCD普遍地被運用在互動設計上，卻不會有純粹「只以使用者為中心」的互動設計。如果只考量使用者的要求、目的與需求的話，是不可能設計出好產品的。

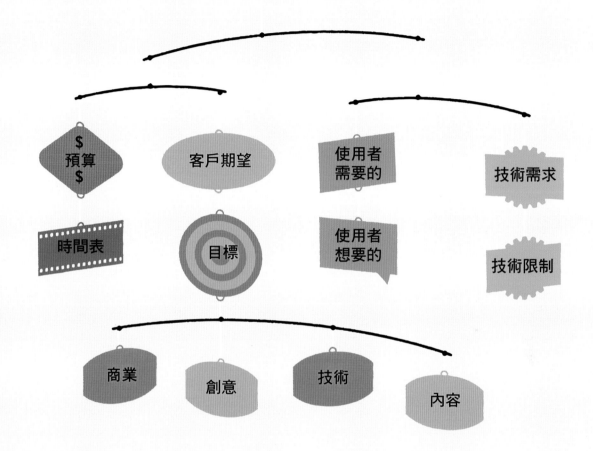

設計體驗時，許多其他的因素也必須加以考量。這些因素包括客戶的商業目的、了解設計所需的技術限制、傳達最終完成作品的時間表與預算。

平衡這些不同的考量因素，並結合使用者需求與要求，可能就是場相當大的挑戰，但若您的目標是設計出確實可建立並供人使用的產品，上述這些因素便需加入考量。能夠完成的企劃案，總是比未完成的作品更成功。

不管過程如何，最棒的數位產品是能符合真實人們的需求與渴望。知道「要藉由設計來溝通什麼、如何讓設計被了解、設計的訴求客群為何」的設計師，便有更好的機會，設計出成功的產品或服務。

UCD為何如此好用？

生活在不斷前進、勢不可擋的世界裡，那些我們為之設計的人們，也處在資訊與噪音氾濫的環境。走在街頭，映入眼簾的是各式各樣的廣告招牌與路標、傳入耳中的是音樂聲與嘈雜車聲，或是手機簡訊聲與來電鈴聲。

人們使用數據、資訊來協助探索這個世界、被娛樂著、並依此進行各項決策。而這些電子設備不斷地以各種數據資料餵哺我們。

設計優良的資訊指的是當人們需要或有需求時便能看到；設計優良的設備，會將使用當下的環境狀態考慮進去；而設計完善的物品也會考量到人體構造，並藉由示能性（Affordance）或外型來提示人們如何使用的線索。

能了解是為誰設計、使用者的渴望與需求、以及可能在什麼環境下使用此設計產品等，不只是建立成功產品的好方法，也能對邁向更安全、穩健的社會有幫助。而設計不良的產品，則會令使用者沮喪、存疑，或極端一點來說，造成死亡。

不良的UCD甚至可能致命！

—— 摘錄自Julia Turner在www.slate.com發表的
「路牌的秘密語言」
於2010年3月1日首次刊出

「布拉夫頓大學棒球隊33位成員，在俄亥俄州布拉夫頓校園共同搭乘一輛巴士。時間接近傍晚，而這些學生還要花一整晚繼續搭18小時的車，除了上廁所、加油與預定在麥當勞吃早餐時才會稍停。然而他們此行的終點站相當誘人：陽光明媚的佛羅里達州薩拉索塔，而且是他們該季第一場比賽。」

「經過平安無事的一夜長途駕駛後，巴士停在喬治亞州的艾德斯維爾，換了新司機，接著繼續往南開在i-75公路上，然後進入高承載專用道（HOV）。當巴士接近亞特蘭大時，在他們靠近北側車道出口時，高承載車道左側前幾個車道延伸往一般公路。巴士司機Jerome Niemeyer應該在此岔路口持續往右側前進，也就是走在高承載專用道穿越線道上，開往佛羅里達。結果他往左側出口開，而且是以高速進入一般公路的斜坡出口，這當然超過一般道路所設定的速限。就在斜坡終點處，他衝過了「停車再開」的道路標誌以及四線道的車流，撞上護欄，並導致巴士翻覆，掉到19號公路橋下。」

「這場車禍一共造成7人死亡，其中包括5位球隊隊員、司機與陪他一同長途開車的妻子Jean。當國家運輸安全局調查事故原因時，將部分責任歸咎於喬治亞州的道路號誌不適當所導致。」

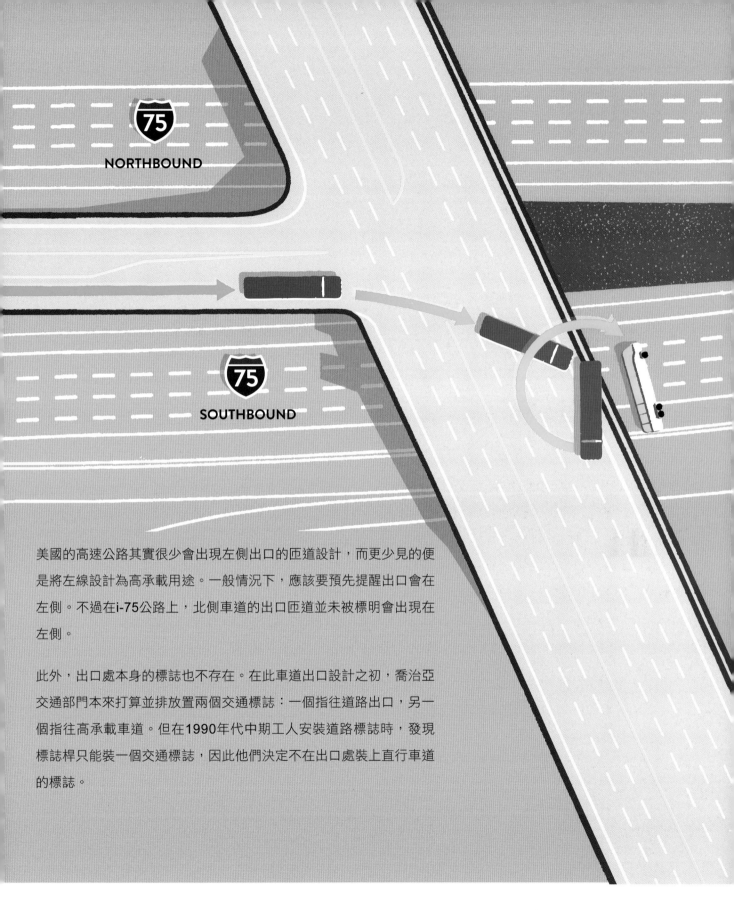

美國的高速公路其實很少會出現左側出口的匝道設計，而更少見的便是將左線設計為高承載用途。一般情況下，應該要預先提醒出口會在左側。不過在i-75公路上，北側車道的出口匝道並未被標明會出現在左側。

此外，出口處本身的標誌也不存在。在此車道出口設計之初，喬治亞交通部門本來打算並排放置兩個交通標誌：一個指往道路出口，另一個指往高承載車道。但在1990年代中期工人安裝道路標誌時，發現標誌桿只能裝一個交通標誌，因此他們決定不在出口處裝上直行車道的標誌。

"Your users are continuously redesigning your user interface in real time. Users become your co-designers because you can't imagine all the ways someone will actually use what you create."

Dana Chisnell, principal researcher
at UsabilityWorks

「使用者會不斷地即時重新設計您的「使用者介面」。
他們就像是「共同協作」設計師，茲因您並無法預想
到所有任一使用者會如何實際運用您的設計。」

—— 引述自Dana Chisnell

UsabilityWorks公司首席研究員

🔍 Principle Six

Principle Six（P6）是一項建立優良食品體系的網路活動，它可以讓顧客參與討論與評比當地消費合作社的食品。

其運作方式如下：當顧客在這些市場購物後，他們便被鼓勵加入P6網站，並將喜歡的產品提名給「P6名物堂」。

加入P6的產品，必須符合下列三個條件的其中兩項：1.要必須是由個人農民或小型生產者所種植或製造、2. 由當地種植或製作的食物、3. 由非營利事業或消費合作社所販售。使用者可以提名他們認為符合條件的任何產品，讓網站上的其他會員得以對這些產品投票或評論。如此便可讓農夫們或合作社組織，獲得珍貴的顧客回饋以及宣傳效益。而由P6工作人員、合作社與會員推薦的提名，也會影響這些產品在P6名物堂中的排名。

此網站成功的關鍵便在於使用者參與，Sevnthsin的設計促進了社群參與，並建立交流用途的討論區，最終也鼓勵農民與製造商生產出最棒的產品。

Principle Six的首頁

食物的故事

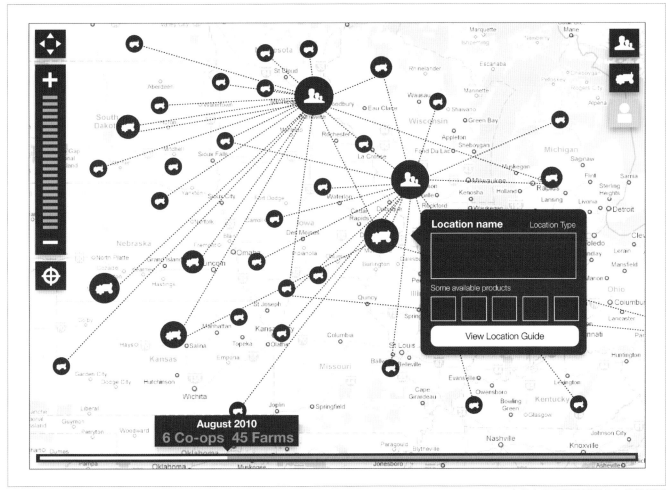

Location name   Location Type

Some available products

View Location Guide

August 2010
6 Co-ops 45 Farms

食品生產與運輸過程的架構線框圖

專案設計到一半的時候，Sevnthsin便發現搞錯了對象，就此例而言，是完全不了解天然健康食品的重點。原先此網站的概念是食品供應系統的「教育」，舉例來說，此線框圖強調將複雜的「食品旅程圖」視覺化，呈現食品如何從製造商一路運送到您的盤子上。如此的重點與功能性，雖然有趣，但過於把重點聚焦在教育上。因此客戶決定將焦點放在原先早已支持在地天然健康食品活動的人們身上，也因此改變Sevnthsin公司在設計此網站目標與功能性的觀點。

案例研究－Principle Six網站（p6.coop）
設計者－Sevnthsin公司
所在地－明尼阿波里斯、明尼蘇達州

何謂示能性（**Affordances**）？

尼爾森諾曼集團的共同創辦人之一，Donald Norman，描述「示能性」為「事物的感知與實際屬性，尤其是那些恰好決定了事物可能如何使用的基本特點。」也就是作為協助我們了解如何使用該事物的視覺線索。

比較一下iPhone與剪刀的輪廓，剪刀具有幾項視覺線索，協助使用者了解如何使用它們。例如剪刀有兩個大洞，可能適合將手指頭放進去。中間有一個支點，看起來像是說明此物件可以打開與關上，因此剪刀提示了可以剪東西。而就iPhone來看，並沒有視覺線索。當手機要開啟時，便需用到人為的線索，因此立體形狀的按鈕便可讓您點按。由於缺乏「示能性」，因此在開機之後，還需要另外一個重要的線索，以便讓使用者知道接下來要做什麼。因此iPhone告訴使用者「滑動來解鎖」。

建議閱讀：《*The Design of Everyday Things*》，*Donald A. Norman*著，*Basic Books*出版，*2002年*。

心理與概念化模型

在Susan M. Weinschenk所撰寫的《100 Things Every Designer Needs to Know About People》這本書裡，描述了代表人類「在自己心裡與物件互動」的心智模型。概念模型指的是透過真實產品設計與介面，提供給人的真實模型範例」。

這是理解上的重要差異，人們建立關於物件的心智模型（Mental Model），或企圖預測物件使用情況的經驗。設計流程的一部分，牽涉到了解當使用者觀看或體驗介面時的心智模型。有時設計小組可能會想要改變概念模型，能更符合使用者的心智模型，以確保使用者所體驗到的方式跟他們所預期的方式一致。

然而，有時候設計師想要研發一種概念模型，可以用來建立全新心智模型，或轉變人們的舊模式。而在這類「使用者測試」之下，經常會導致參與者的挫折。因為他們沒有明顯得以「對應」的心智模型，因此不知道要期待什麼？所以重複、清楚訊息與訓練，是為他們建立嶄新心智模型的好方法。

我們還必須知道一件重要的事，亦即心智模型是歷時建立的，而且是一步步彼此堆積起來的。請想像一下為1950年代的人解釋「社群網路」的定義，他們一定完全不知道您在說什麼？為了讓他們能夠了解，他們首先必須要有「個人電腦」概念的心智模型，接著他們還需要「網際網路」的心智模型，然後是「瀏覽器」的心智模型。

不過，如果您問現在的人關於「社群網路」的心智模型時，他們可能會想到的是類似Facebook這類的東西。因為朋友的動態、現況、按讚與分享，這些介面元素是人們所預期的。如果在幾年前問同樣的問題時，此類心智模型可能會比較像Myspacec或Friendsters那樣。那麼20年以後的社群網路會像什麼樣子呢？我們並無回答此項問題的心智模型。

由於生活經驗較為有限，因此較年輕的人，心智模型會比成人來得少。也就是說他們所擁有的任何心智模型都是很重要的。是否看過小孩在用iPhone或iPad？快速滑過這些介面，已經成為他們的第二天性。所以他們發展出了關於其他物件如何運作的特定心智模型，而這些期待延伸到了其他非觸控操作的螢幕周邊，例如筆電或提款機、電視等。小孩會認為任何螢幕應該都具有觸控螢幕的功能。而他們也可能將這項心智模型套用到其他非螢幕的物件上。例如把印有iPad或iPhone的廣告DM拿給他們看時，他們會認為是iPad或iPhone壞掉了，而不是想到那是DM或印刷品。

建議閱讀：《100 Things Every Designer Needs to Know About People》，Susan Weinschenk著，New Riders出版，2011年。

不知道怎麼使用您的產品，並不是我的錯！

CHAPTER
2

跟您的同事與客戶
一起協同合作

在遇到客戶與使用者並開始一些創新與想望的設計之前，先跟小組成員溝通一下，是個相當不錯的主意。

設計不該是種「個人的追尋」而已，建築師會跟一群工程師、製圖師或其他方面的專家們一起工作，如同建築工人或承包商也要了解他們的設計一樣。平面設計師也會跟內容撰寫者、插畫家、攝影師、印刷廠等共同合作，以便將他們的設計內容呈現出來。互動設計也是一樣，使用者經驗設計師們，也會跟一堆不同的小組成員一起工作，成員們會將各自不同的專門技術帶到設計桌上。這些小組成員與設計夥伴帶來技術與觀點，作為建立網站、遊戲、應用、行動App的基礎要件。

一位UX設計師需要緊密合作的夥伴如下：

- 技術架構師：負責設計系統與程式碼，他會幫您「實現」設計。

- 視覺設計師：負責將品牌特色加入設計之中。

- 內容策略師：負責要傳達給顧客的應用內容。

- 專案經理：負責確認設計專案在預算與時限內順利完成。

他們也有其他一起協同工作的人，包括產品規劃師、主題專家、與商業策略師。

這六個部門，代表了建立極佳的互動體驗或產品所需的基本核心組成。依據數位產品的不同類別，您的小組可能還會包含其他部門。舉例來說，若有廣告或贊助機會，可能還會需要用到專業的銷售團隊。若產品與教育有關，可能就需要課程專家。若是針對客戶服務小組的內部產品團隊，您的小組成員可能也會有所不同，因為此類規模較小的單位，通常組員會一人身兼數職，以取代多個部門的需求。舉例來說，使用者經驗小組領導人，可能也是內容規劃師，或網頁設計師可能也兼任訊息架構師等。

註：此圖表並非全面性的完整內容，因為每個單位都可能有相當大的成員差異，而未被含括在圖表內。

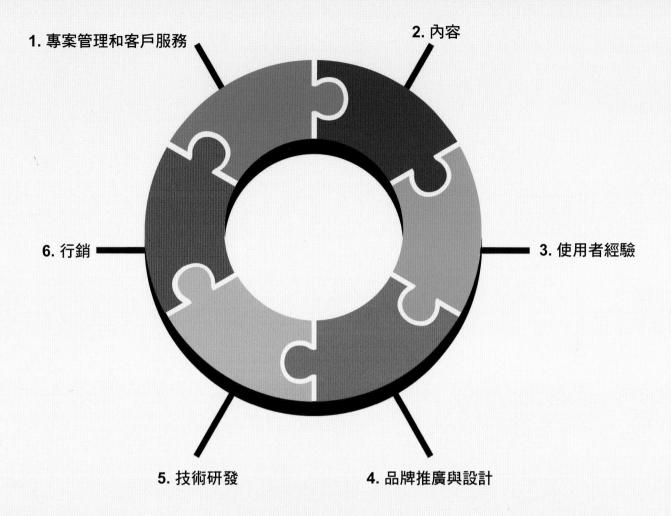

1. 專案管理和客戶服務
2. 內容
3. 使用者經驗
4. 品牌推廣與設計
5. 技術研發
6. 行銷

1.專案管理和客戶服務
優秀的產品最可能在所有事物均順利上軌道的情況下完成。

樣本角色
廣告業務人員（AE）
專案經理
製作人

2.內容
優秀的產品最可能在相關且優質的內容下展開作業。

樣本角色
內容規劃師
總編輯
內容整合專家（搬移數位資料）

3.使用者經驗
優秀的產品是值得擁有、便於使用，及令人愉悅的。

樣本角色
使用者經驗總監
使用者經驗設計師
互動設計師

4.品牌推廣與設計
優秀的產品對多數人來說是俱有品牌風格、且具有動人魅力的。

樣本角色
創意總監
藝術總監
設計師

5.技術研發
優秀的產品容易讓人產生回應，且感覺不到背後的技術部分。

樣本角色
技術指導
研發工程師
搜尋引擎優化專家

6.行銷
產品要廣為人知，才稱得上優秀。

樣本角色
數位行銷規劃師
社群媒體經理
搜尋引擎行銷專家

共同設計與製作

—— Anders Ramsay撰文
　　使用者經驗設計師與產品規劃師

當軟體產品越來越複雜後，若能在開始建立真實產品前，先花很多時間建立Photoshop示意
樣圖組合，已經成為具有成本效益的一件事。當然您的設計可能看起來會相當不錯，不過，
實際產品互動運行時，輪子到底會不會掉下來呢？

插圖－Samantha Katz

「跨職能」配對是一種很好的解決方案，例如設計師和開發人員一起製作線框圖、設計並建立最終產品。就像兩名球員在球場上，不斷來回傳球。一開始可能設計師花多點時間，但接近完成階段時，重心就會轉移到開發人員手中。若您從未嘗試過這種做法，看起來可能會有點嚇人，但是當您發現能夠很快地從構思發展到可用軟體時，可能就不會希望再回到獨立工作的情況。

您可以在既有穩定的產品添加一個新的功能時，使用此種作業方式。進行一些基本研究之後，便應該嘗試配對作業。一開始可藉由單獨繪圖五分鐘，然後分享您的想法。如此不僅可以為協同作業進行暖身動作，也可以建立一個優良的基礎。

在白板前面，大致勾勒一個整體使用者流程和高層次設計的主要畫面。這種作業方式另一個重要的優點便是：可以用各種不同的眼光，檢視相同的點子。開發人員可對您原先並不知道在技術上是否可行的提案內容，提出可行的想法。或者，您也可能藉由一些小調整，改善開發人員所提想法的易用性。

如果參與人員裡有一位具有UX背景的人，便會更有幫助。然而，根據不同的設計理念，您可有效地建立一個工作上的即時反饋迴路。若與會人員均無UX背景的話，亦可考慮定期諮詢某位UX專家。

當有相同的設計方向共識時，請將工作重點切換到開始建立此設計的一個基礎版本。開發人員可以幫助確定何時需開始製作，並停止線框圖繪製的構想階段。

一起工作時，設計師可能會在開發人員編寫程式碼時，繼續更詳細的繪圖或建立產品的外觀和感覺。由於您們是真的坐在一起工作，因此可以快速對彼此的工作，得到非正式的反饋。

短短幾個小時內，您就可以從白板上的一個想法，演進到一個正常運作的網頁。雖然可能只是粗坯，不過它仍是更接近實際設計方案的東西，而非只是靜態的設計樣稿，讓您可以從客戶、使用者和其他團隊成員，得到高度可靠的反饋。

建議閱讀：《Designing with Agile》，Anders Ramsay著，羅森菲爾德媒體（Rosenfeld Media）出版，2012年。

關鍵在於協作

互動專案是相當複雜的，要構建它們時，可能會用到多種電腦語言，也可能需要整合現有的客戶端系統，例如內容管理系統，廣告管理解決方案等。有可能需要在多個平台上工作（從筆電到行動裝置），客戶也可能有非常嚴格的品牌規定要遵守。由於提供給使用者的內容必須能被了解。因此要了解這些內容是什麼格式？多久會更新建立的內容？

互動設計團隊裡的每個成員，均能為專案帶來不同視角的觀點，而這些觀點來自他們的專業知識與經驗。一名技術架構師可能會建議一個不同的方式來設計，例如依據「難易程度」來判斷。而視覺設計師則可能會根據自己對客戶端品牌的理解，建議出如何使設計「更有趣，更簡潔」的想法。內容規劃師可能會提出設計所需的最佳用辭，一個控制時間流程的專案經理，則可能會建議使用既有的現成組件，而非重新設計專案裡的某個項目。

為融合各種互動設計的複雜觀點，因此我們需要「合作」。互動的團隊不能對於「相互溝通」與「提出建議」反感（即使這些建議不屬於自己的專業領域）。有時關於如何滿足使用者的需求的最佳建議，反而是來自團隊裡關心「技術」的成員，或來自關心生產內容的「時間表」是否可以完成的團隊成員。

"You'd be surprised what clients will tell you if you just ask. A lack of feedback is rarely a sign that you're on the right track."

Courtney Deakyne, director of marketing/client strategy, Sevnthsin

「只要您肯開口問問題，便會訝異於客戶所告訴您的答案。缺乏回饋時，幾乎無法走在正確的方向上。」

—— 引述自Courtney Deakyne

Sevnthsin公司行銷／客戶策略總監

別忘了跟客戶
一起合作

團隊合作可以確保自己了解互動專案裡的不同複雜觀點，跟客戶合作則保證能完成設計，並建立出人人都感到驕傲的成功產品。

客戶將他們的專業帶到會議桌上，因為他們最了解他們的使用者。他們也了解結合現有技術系統、與不同的使用者小組一起協同作業、也了解自己品牌識別的種種細節，以及專案的設計理念等，因此客戶將會是您相當重要且有用的夥伴。

藉由跟客戶一起工作，獲取不同的選項與建議，並一起做出最終的決策，便能迎合使用者需求，完成客戶要求的目標。您也將設計並建立一些有用且想要的產品，並控制在所規劃的時間表與預算之內。

Bon Iver網站設計

Bon Iver

當Sevnthsin公司在重新設計Bon Iver（得過葛來美獎的美國獨立民謠樂團）網站時，便知道面對的是一項挑戰。此網站必須與新專輯同時推出，也就是時間非常緊迫。

由於僅有幾週的時間來完成這項專案，因此Sevnthsin公司既有的設計流程必須有所應變。這並不是說要跳過一些步驟或便宜行事，而是意味著要快點決定預期值、鎖定需要的功能與用途，並且實行嚴格的客戶反饋、以及批准的最後期限。同時也意謂著一次就要完成框架與設計的部分，這點需要雙方的大量溝通與互信才行。

Sevnthsin公司的彈性與果斷，讓客戶充分的信任，這也是專案成功所必需的要件。

案例研究－Bon Iver網站（boniver.org）
設計者－Sevnthsin公司
所在地－明尼阿波里斯，明尼蘇達州

🔍 YMCA雙城

在重新設計當地YMCA雙城的網站時，Clockwork公司的設計小組找到跟他們的客戶一起協同工作的好方法。此項工作流程由典型的腦力激盪活動開始：他們先請客戶選取跟品牌相關連的字詞。YMCA回應的字詞是：認同、希望、強大、可靠。這些文字可以協助提供體驗的一般感受，但這些不夠確定的含義，也會讓將它們轉譯為螢幕上的內容，變得有點困難。

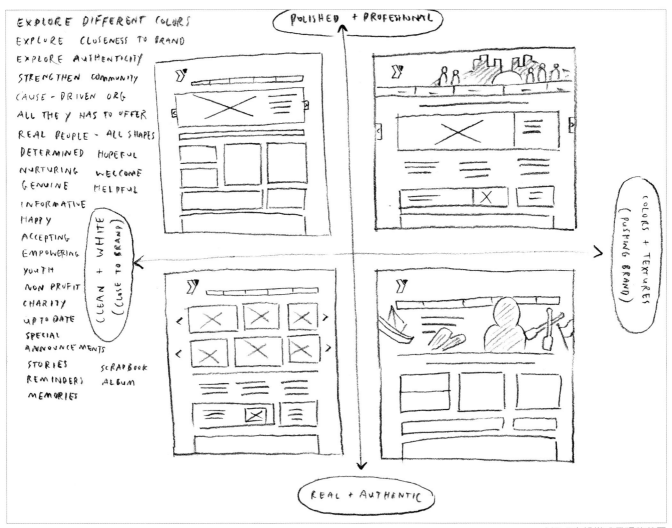

以2x2方格樣式呈現的草圖

Clockwork將這些抽象的描述變成素描草稿給客戶看。藉由在工作流程初期就「視覺化」的體驗，讓客戶快速看到網站設計的可能內容。

此手稿與最終設計的差異並不大。

YMCA草圖。

此項做法，也可讓客戶過濾掉那些已經覺得不在目標方向上的想法。草圖裡有一張的背景是明尼阿波里斯市的城市天際線，客戶藉由使用者研究知道，這個做法有可能會因為網站過於強調市中心的部分，而排擠掉住在市郊的居民。因此網站不往這個方向繼續探索，便可以節省寶貴的時間與金錢。

案例研究－YMCA雙城網站（ymcatwincities.org）
設計者－Clockwork動態媒體系統
所在地－明尼阿波里斯，明尼蘇達州

3

目標、使用者與成功準則

設計是一件關於「決定選項」的事——決定使用某個字體、決定呈現哪些訊息、那些功能要在網頁上突出明顯一些等。設計選項在選擇加入哪些元素，或如何顯示訊息與功能方面，是一樣重視的。

但我們要如何作出這些決定呢？一切只是我們的膽識直覺嗎？或者是我們自己喜歡的事物呢？客戶聘用我們可能有一部分是因為我們的獨特觀點，但他們會希望我們在「告知」的情況下呈現這些觀點。他們希望我們基於使用者的想法，並符合他們的特並需求與目標，來作出這些決定。我們為客戶所作的應該要能幫助他們的事業更成功、賺到更多錢、獲得更多顧客、更清楚的溝通，並讓使用者獲得最佳的消費體驗。

藉由理解與優先考量客戶與「他們的客戶」的需求，便有機會作出最佳的設計決策。目標的優先順序可協助決策、調解爭執，並幫助判斷設計的成功與否。

🔍 The World Park

由於想要吸引那些更為年輕、更了解科技的遊客，「The World Park（世界公園）」的做法，讓紐約中央公園變成互動的大型棋盤遊戲。超過1,500人一起加入首次的活動，為後來的活動奠定重要的基準。

案例研究－The World Park（世界公園）
設計者－Magmasu廣告代理
所在地－紐約，紐約州

目標

任何設計流程的前期步驟之一，便是了解自己所要建立的是什麼？專案啟動會議以及與客戶代表一起開的深潛會議（團體進入情境，通常用於產品構思的腦力激盪），可以幫助設計師瞭解客戶想要的東西，但通常這種腦力激盪會議會讓設計師覺得客戶「什麼都想要」！

身為一位設計師，特別是在「使用者中心」的前提下，協助客戶清楚表達想要的設計，當然也是您的責任。不光是要知道他們想建立什麼東西，還要知道為什麼？客戶想要賺更多的錢嗎？獲得更多使用者？得到更多回應？我們把這些客戶「想要的東西」稱為「業務目標」。

業務目標的範圍可能只是簡單的想要「增加顧客看到廣告的數量」，或是較複雜的想要「引起如『海洋管理』這類議題的關注度」。經常跟客戶討論他們所建立的「業務目標」列表，可讓您有相當清楚且一致的觀點。

Pricetag網站設計

Pricetag

在自定引用工具「Pricetag」被研發出來之後，專案目標很快的確定並訂定出優先順序，這點讓團隊成員可以更快速的目標一致，並讓有限資源充分運用在最優先的目標上。

案例研究－Pricetag網站（Pricetaghq.com）
設計者－Pricetag有限公司
所在地－紐約，紐約州、基多，厄瓜多爾

有時我們會認為客戶是單一窗口的一個人，但事實上他們一定是一個群體，不同部門的代表所組成，而且彼此在觀點上都會有些許差異。討論業務目標可以幫他們達成共識，讓您專心做好設計師的工作。一旦確定目標之後，就要先加以了解哪些目標才是重要的。優先的業務目標會比較花時間溝通，但這是必須的。通常客戶會把所有的目標優先順序都設為「高度優先」，因為他們不了解這樣最後只會做出糟糕的設計。想符合所有目標的設計，最終都會變得太過複雜、混淆並且無法成功。焦點清楚的設計相當重要，因此設定出業務目標的優先順序，對於「聚焦」在設計重點上相當有幫助。

我們與客戶之間運用了一種「優先順序金字塔」，這是相當有效的工具。首先，我們會先請客戶以「便利貼」寫下所有他們想要的目標，這種方式可以讓目標很容易被加入、移除或重新改變順序。接下來，我們會請客戶把這些便利貼貼在分成三層的金字塔上，最上面是最高優先，中間便是次優先，最底下則是較低優先的目標。我們鼓勵客戶在最上層放20%的便條紙，在中間層放30%的便條紙，然後在最下層放50%的便條紙。當然並不會每次都這麼精確，不過藉由這樣的過程，確實可以幫助客戶作出決定與確立重點。

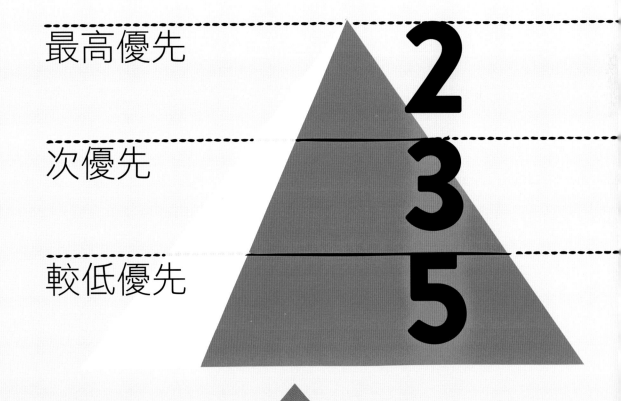

上層千萬不能太重

金字塔上小下大，若客戶可以確定目標的話，上層應該只有兩個最優先的目標。

「由於我們即將結束概念階段，因此可以重新審視先
　前的目標與假設，以便校準與進行必要的更新。」

—— 引述自Julie Beeler

　　Second Story互動工作室負責人

"As our concept phase begins to wind down, we revisit our early goals and assumptions to recalibrate and make any needed changes."

Julie Beeler,
principal, Second Story

使用者

接下來很重要的一點，便是請客戶談談這些「使用者」。他們的「目標客群」為何？他們認為最終會使用到您所設計的產品的人是誰？某些客戶會有許多關於「目標客群」的統計資訊，例如年齡、收入水平、教育程度等，有些客戶則會請您設計出適合「任何人」使用的產品。

誰是您的主要使用客群？

了解為哪種客群設計最簡單的方式，便是將您的使用者群組從最高到最低的優先順序排列出來。這是可以跟客戶一起做的一個相當好的練習，不同的利害關係人，在界定主要使用者群組時，便可能有不同的意見。

請客戶定義主要的目標客群，跟請他們確立業務目標是同樣重要的一件事，因為我們沒辦法設計成每個人都適用的產品。因此請鼓勵您的客戶，多談談除了統計資訊以外，他們所知道關於目標客群的一些事。例如這些人到底是誰？屬於哪一類族群？他們的興趣、職業等？通常不只是客戶的目標客群是這項設計的使用者，您的客戶本身也是使用者之一。

首先，這些訊息出現的時候，可能看起來是一堆毫無章法可言的觀察、特徵與角色，例如我們的客群是10幾歲的人，會溜滑板與使用Twitter推文。把這些特徵寫下來並貼在牆上是很重要的，如果他們提出的某個特徵跟現有的某個特徵相近時，便可將它們放在一起。最後，便會結合而出現一張初始的使用者列表，是基於以人口與心理層面（個性、價值觀、態度、興趣或生活方式）來分組的訊息。

接下來很重要的，便是請客戶依據之前決定「業務目標」優先順序的方法，來決定出清單裡的目標客群優先順序。客戶認為最主要優先的使用者是誰？第二優先呢？哪些族群是重要的考量對象，哪些人不應被列入設計決定之中？另一件相當重要的事，便是了解這些不同的使用者族群，可能會如何與其他族群互動？他們會一起分享什麼事？他們在什麼情況下會需要互相交流？他們彼此之間會互相影響嗎？

這些訊息都屬於用來建立「使用者生態系統」的第一個步驟，使用者類型的優先順序列表，可以描繪出這些族群的相互聯結與互動。當您開始研究使用者後，「使用者生態系統」便可協助決定哪些人，才是您應該針對的目標客群。

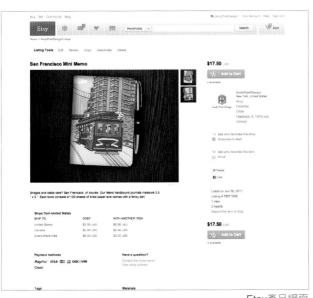

Etsy產品網頁

🔍 Etsy

Etsy是相當受歡迎的手工藝品網路購物網站，他們有兩種主要的使用者族群，買家與賣家。他們都有各自不同，專為其量身訂做的使用者經驗內容。

案例研究－Etsy網站（etsy.com）
設計者－Etsy公司
所在地－布魯克林區，紐約

我們無法─也不應該─設計給「所有人」使用

我想起最近與Jason去參加一項客戶會議的事。在電梯裡時，我注意到六樓的按鈕是明亮的橘色塑料，看起來很不搭。雖然這棟建築物很小，但看得出來每個細節都是美觀且經過深思熟慮的配置，但是其中並沒有橘色的配色。在會議前的聊天裡，我提到這個橘色按鈕的怪異之處。「我很希望他們可以修好這個按鈕」，他們強調：「看起來實在太醜了」。

下樓的時候，我注意到主樓層的按鈕也是這種一樣廉價的橘色塑料。不禁令人懷疑這些按鈕只是暫時的處理，或是背後出了什麼問題？

最後得到的結果是，這兩個按鈕是系統設計的環節之一，它們不是為我設計的。因為該建築的六樓是某個關於盲人與視障人士的機構，對這些人來說，橘色塑料按鈕的不同材質與顏色，是比較清楚且簡單的導引裝置。

判斷作品成功的準則

請跟您的客戶一起訂定作品「成功」的標準，也就是關於設計是否成功的計量方式。舉例來說，成功的標準可以包括增加現有網站點閱率50%，或針對App的前六個月達成三萬次下載等。

成功的標準是重要的「業務目標」運用到使用者生態環境時，所能呈現的計量方式。因此業務目標可能是「賺更多錢」，來決定是否成功的標準。要知道一個公司如何達到這項目標是很重要的，舉例來說，為了

要增加獲利，客戶必須藉由網站的更多訪客，來秀出更多廣告。然而這些增加的訪客到底是誰呢？客戶現有的使用者可能會收到更多吸引人的使用體驗，增加他們進一步點擊觀看更多網頁，而新的使用者可能會被初次吸引來此網站。這兩種使用者造訪都符合業務目標，但吸引兩者所需的設計方案卻是不同的。

Parking Wars 2起始畫面。

🔍 Parking Wars

Facebook遊戲「停車大作戰2（Parking Wars 2）」裡，使用者監督與維護他們的街道，並在朋友來違規停車時開罰單，藉以獲得虛擬錢幣。他們的朋友玩的也是相同的遊戲規則。這些動作表示使用者喜歡此遊戲，以及他們在遊戲中所花時間之處。當然也幫助

決定哪些新內容與功能，可以維繫使用者繼續回來玩遊戲。

案例研究－Parking Wars 2
設計者－Area/Code遊戲製作公司
所在地－紐約，紐約州

「賺更多錢」的營業目標運用在使用者生態環境，也可當作是成功的標準，例如「增加25%的網站新訪客」之類。了解客戶眼中的「成功」到底長什麼樣子，是相當重要的一件事。若同時有多位利益關係人時，他們的「成功」期望，可能就會有所不同。

最高優先的業務目標應該跟成功的標準綁在一起，舉例來說，如果您的目標是增加產品知名度的話，成功的標準可能是推出產品或網站後，網路搜尋該產品的次數，或是在部落格或Twitter被提到的次數。若實在很難決定業務目標要如何「計量」（舉例來說：「增加海洋教育的普及程度」）的話，請跟客戶討論以決定如何衡量成功設計的標準，然後在專案中建立測試，以評估是否能符合客戶的期望。

成功的「樣貌」？

指標只是數據，協助建立出比較的基準，而專案的成功則需要「歷時」的評估作業。網站上被點擊與不被點擊的區域同樣重要，若某個部分的使用者經驗無法符合成功的標準時，便需加以修正。

網路銷售
回頭客
評論數
每天不重複訪客數
單一頁面關注次數
每月不重複訪客數
Twitter的追隨者數量
共享項目的數量
下載次數
網站停留時間

「數據可以說明使用者喜歡什麼與不喜歡什麼，但卻無法說明他們渴望的是什麼！」

—— 引述自Scott Gursky

遊戲設計師

"Metrics can tell you what users like and dislike, but they can't tell you what they dream about."

Scott Gursky,
game designer

特點與功能

您可以和客戶一起建立出所有會加入設計當中的「特點與功能」優先順序清單，用最簡單的話來說，「功能」指的就是您的設計可以「做什麼」？「特點」指的是「如何做到」？這兩個名詞的意義，現在已經變得有點重複且模糊不清，然而將它們在客戶面前分別界定清楚，亦不失為一個好主意。

舉例來說，一個網站的「功能」可能在提供影片給使用者觀看，「特點」則是牽涉使用者如何搜尋影片，例如藉由瀏覽「分類」或觀看「朋友看過」的影片。

請鼓勵客戶列出他們想要的「特點」與「功能」，他們甚至可能會依據您已經知道的「業務目標」與「使用者生態系統」，來加入新特點與功能。請確保客戶知道：並不是列在清單上的特點或功能，就會自動加入設計之中。如我們之前所說過的，最好的設計是重點明確的，也就是意謂著要明智地將一些東西排除在設計之外。

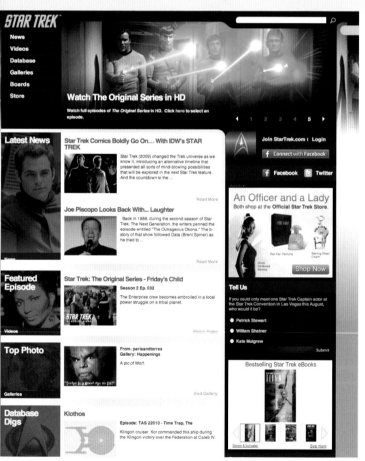

星際爭霸戰

新網站Startrek.com同時針對新舊愛好者而設計，調查與焦點小組表示這兩個族群都對星際爭霸戰的相關遊戲沒興趣，因此該部分不會包含在最後的設計裡。

所有星際爭霸戰迷都希望可以一次看到所有的影集，這項特點在網站之前的版本裡並未提供，新版本加入此項特點，以便吸引新的劇迷。因為將商業目標與使用者需求達成一致，總是個不錯的主意。

案例研究－星際爭霸戰網站（Startrek.com）
設計者－Funny Garbage公司
所在地－紐約，紐約州

星際爭霸戰網頁設計。

一旦決定了這項清單之後，便可將之排出優先順序。這點對客戶來說可能會覺得很意外，他們也不太喜歡將這些特點與功能排出順序，因為客戶會覺得這樣排序就意謂著最終完成的設計成品裡，並不會把所有他們想做的事放進去。

請仔細觀看每個特點與功能，然後自問這些問題：這項特點符合業務目標嗎？這項功能呼應某群使用者類型嗎？請決定出每個特點與功能，對於業務目標與對於使用者的重要性，將它們的分數平均一比，然後，您便有了特點與功能優先順序的清單。

現在終於可以開始設計了嗎？別急，首先，該先見見我們的使用者了。

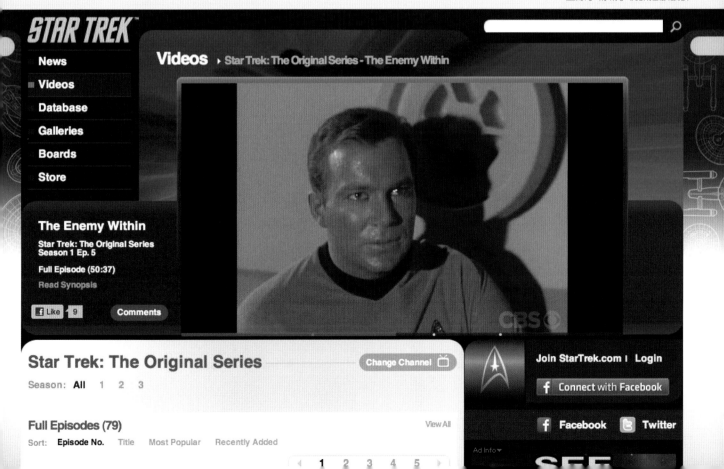

篩選重點的時刻到了

我們與客戶會為這些潛在的特點與功能，腦力激盪出一大堆想法，然而這些想法是否能支持客戶的商業目標？他們是否支持了主要的使用者族群？請使用「優先的目標」和「使用者需求」作為協助過濾訊息的方法，您便可集中精力於最重要的特點與功能上。

標誌

串流影片

RSS　內容管理系統

篩選過濾

留言板

投票系統　　　相簿

部落格

FACEBOOK
登入

使用者
產生的內容

遊戲

使用者評論　結合**GOOGLE**
地圖

廣告

幻燈片秀　　**TWITTER**
服務

使用者
個人檔案

電子商務　　**FACEBOOK**
動態消息

虛擬頭像

領先排名

評分等級

目前提出的特點與功能　　　專案目標與使用者需求

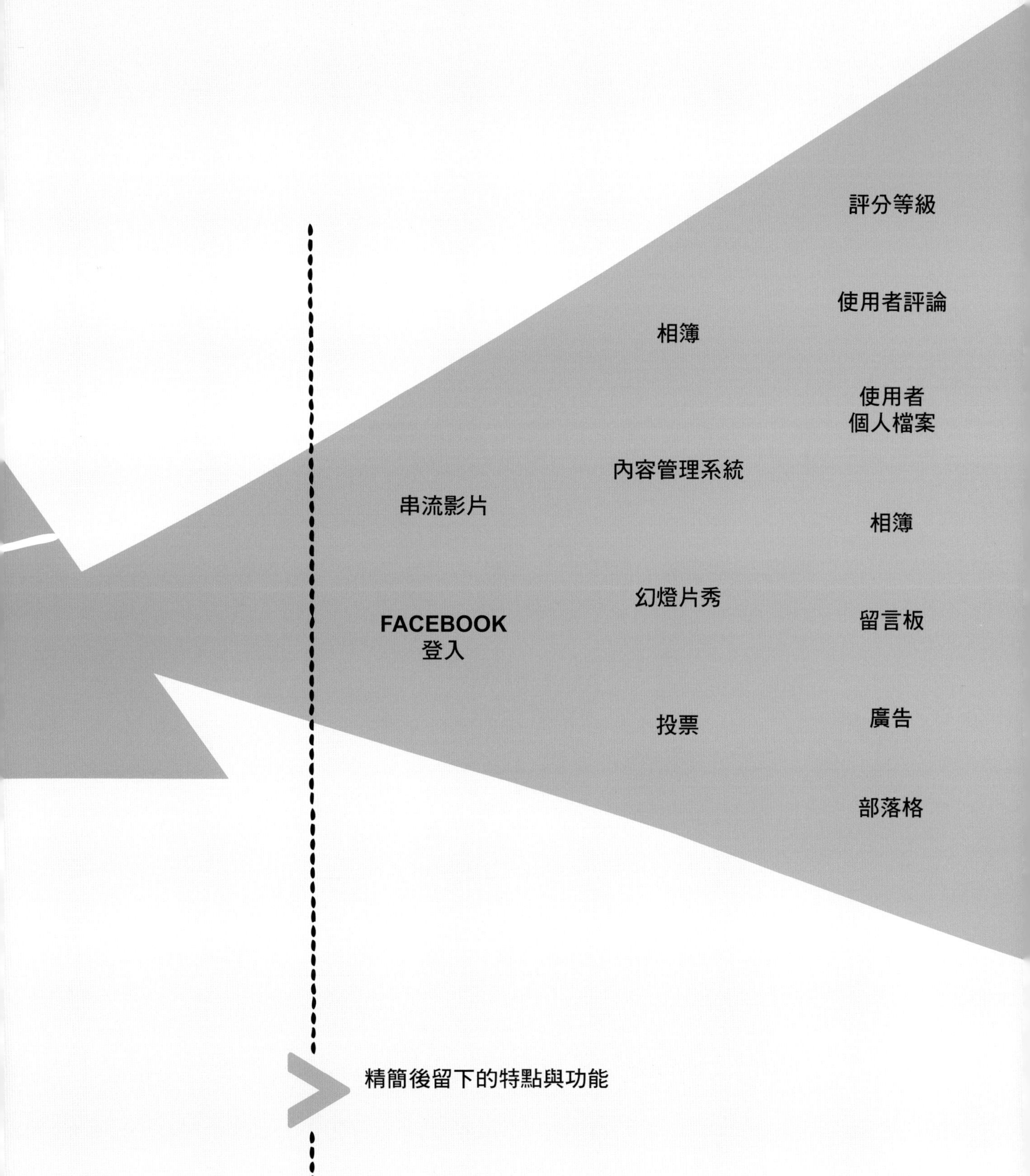

評分等級

使用者評論

相簿

使用者
個人檔案

內容管理系統

串流影片

相簿

幻燈片秀

FACEBOOK
登入

留言板

投票

廣告

部落格

精簡後留下的特點與功能

自行嘗試

使用便利貼作為「需求會議」裡的工具

如同我們之前所說的，在這些早期的會議裡，便利貼將會是您最好的朋友。

讓大家都保持「沒有任何事情是一成不變」的心態非常重要，不論特點、功能、使用者或業務目標等都是。在設計的過程中，請多了解您的競爭對手和您的使用者，並開始做出一些抉擇。如此一來，設計就會逐漸變得更具體。不過在這些早期的專案啟動會議裡，敞開心胸接受不同的意見與觀點，是非常重要的事。

接著請開始進行這些活動吧，不論您正在進行的是界定「業務目標」或「使用者類型」，請虛心接納所有意見。鼓勵您的客戶分享他們的想法，當他們說出來的時候，立刻將之寫下來並貼到牆上，而當您自己有任何想法時，也同樣寫下來貼到牆上。您將會愉快地驚喜於這類對話交流的活動，所能建立出來的成果。

一但有了各種選項的實體清單貼在牆上，便可以把類似概念的想法放在一起。只要從牆上撕下便利貼，重新貼到相近的便利貼旁邊即可。這項做法最好是跟客戶一起執行，將客戶分成兩到三組，讓他們自己走到牆上來將便利貼分組。同樣地，這項過程裡會因為決定哪些便利貼屬於哪一組？而產生更多的良性討論、辯論與對話。

最後，我們會建立出一些群組，並且應該替它們命名。每個分類的群組，都會是您最初的業務目標或使用者類型，因此請用一張新的便利貼，將群組名稱貼上去。

接著該來排列優先順序了。請在白板或大張紙上繪製一個金字塔，然後對客戶解釋20／30／50定律，也就是20%的最高優先目標、30%的次優先目標、以及50%的最低優先目標，然後在排列時將它們隔開一些。接著將以群組的方式，移動這些最新界定的業務目標或使用者類型，放到金字塔上，接著邀請大家踴躍討論。您可從這些內部討論、或最後的業務目標、使用者類型優先順序等，更加了解設計的重點。

請嘗試此種作法，因為它不只有用，也可將最沉悶無聊的會議，轉變為活潑生動的會議。

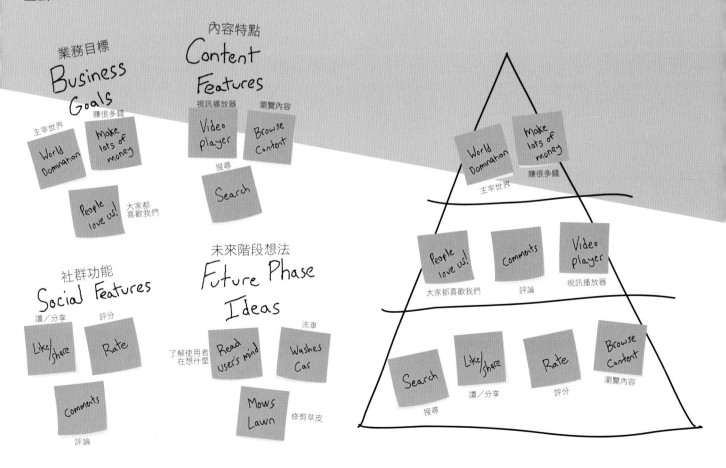

了解您的使用者

該是把「使用者」放入「以使用者為中心」設計的時候了。一旦您和您的客戶會面並一起工作，了解了他們對於設計的業務目標與觀點後，下一個步驟便是儘可能了解設計所服務的對象，也就是您的使用者。

最成功的產品與專案，都是最能符合真實人們的需求與渴望。那些來自不同背景、有著不同經驗與專業知識水平的人，所想所要的東西當然也大有不同。我們所設計的東西，會被這些不同的人在特定的情況與地點所使用。若要做出重要的設計抉擇時，當然要重視這些細節。

舉例來說，若您打算設計的是手持的超音波裝置時，便要知道此項產品是否會讓在急診室已經輪值過12小時的醫生來使用。要做出好的設計決定，便要設身處地的站在醫生的立場想。她那種疲勞的情況是什麼感受？急診室的光線如何？她必須使用此項產品多久的時間？她可能會藉由您的產品的數據，做出哪些醫療上的決定？同時，醫生也並非此項產品設計的唯一考量對象，就醫療器材而言，病房裡的另一位對象，也就是病人的需求，更是應該加入考量的重點。因為您所設計的產品，要讓真實的人們使用，並且會真的影響到他們。

🔍 奧勒岡州大學福特校友中心

奧勒岡州大學福特校友中心的「Second Story（二樓、亦有第二個故事之意）」，具有不尋常的目的。與許多大學校友中心不同的是，福特校友中心除了緬懷過去之外，同樣著眼於未來。他們的目的是創造一個地方，能夠同時榮耀學生本身的歷史，並且能吸引下一代的畢業生。為達成此目的，以波特蘭為基地的互動建築事務所，利用建築物本身的空間，建立了一個絕佳的互動體驗。

文接54頁 ↱

奧勒岡州大學福特校友中心互動桌面

↰ 續接52頁

這種觀眾與福特校友中心的不尋常結合方式,其背後所需的「研究」,在創意過程裡顯得格外重要。「Second Story」專案對過去和現在的學生做了相當深遠廣泛的調查。他們藉由這項調查來了解就讀奧勒岡州大學的獨特之處。進行這項過程時,他們便能對於「重疊」的部分加以深究:也就是過去和現在的學生在體驗與感受的相似處,而這也是整個專案奠立的基石。

這張互動桌結合了趣味與訊息:因為它認得每位奧勒岡州大學的校友。

互動媒體混合了這些大面板的實體工藝,而且每個大面板都顯示着紀念的過去,記錄的現在與想像中的未來。

案例研究－奧勒岡州大學福特校友中心
設計者－Second Story互動工作室
所在地－波特蘭,奧勒岡州

說出使用者的故事

所以我們到底要如何瞭解使用者?必須要了解關於他們的哪些事情?我們要如何就了解到的這些事情與客戶溝通?最後,我們要如何藉由這些訊息來做出設計決定?

一旦您與您的客戶定義了一群使用者的性格特色,並且對自己產品所設計的對象有初步了解之後,接著還有更多方法可以讓我們更進一步了解這些使用者。

首先可以找到跟我們界定出來的性格特色相近的真人,UX設計師們通常稱這些人為「使用者代表」。

客戶可以幫您找到這些「使用者代表」,他們通常可以透過業務或行銷小組,來找到這些既有使用者的聯絡方式。這些使用者代表是相當好的資源,不過他們跟您的客戶之間的經歷,可能會影響到他們的意見。因此最好找到跟您正在設計的產品,有著不同體驗程度的不同使用者代表。

另一種找到使用者代表的方法是從家族成員、同事或朋友裡,找到跟定義的使用者特性相近的人,或者可能成為潛在使用者代表的人,若您正在設計的是航空公司售票機觸控螢幕時,到機場觀看航空公司櫃台辦理登機手續的旅客,也是不錯的辦法。

了解您的使用者

一旦找到使用者代表後，您可以使用許多不同的方法來了解他們。

以航空公司售票機的例子來說，最有效的技巧便是像黏在牆上的蒼蠅一樣，偷偷地觀察他們。他們對自己的旅行感到失望、快樂或興奮呢？他們是自己辦登機手續或是排隊等櫃台人員服務呢？您可能會透過觀察發現許多不同類型的使用者，從經常從事商務旅行到第一次度假的人都有。您應該也會決定透過這些觀察所得到的了解，決定建立更多人格特性。

其他了解使用者代表的技巧包括一對一訪問、問卷調查、焦點群組與貼身查訪等。

跟使用者代表一對一見面時，請準備開放性的問題，鼓勵他們多說一些自己的生活或工作情況，以及談談關於您正在設計中的產品。試著獲得關於他們是誰以及他們的職業等訊息，而不是只聽他們對於新產品的看法。

問卷調查是從使用者代表獲得更多詳細資訊的方法，一旦您開始了解他們是誰、他們的環境、他們想要的東西等，您便會發現自己仍有諸多疑問。寫下這些疑問，然後請使用者代表們協助回答。我們也在本書使用了問卷調查的方式，以便了解這些現職UX設計師們在成為UX設計師之前的工作。

「焦點群組」跟一對一訪問類似，可以協助我們了解一群使用者對產品的觀點，或者他們的工作環境如何？同時也可藉此了解您的使用者，彼此之間如何與他人互動。通常來說，我們可以盡量把焦點群組再拆成不同的更小群組，以便進行完整的協同作業。我們可以從使用者代表彼此的交談裡，得到更多收穫。

焦點群組是針對一群使用者在面對產品、概念、服務或體驗時，了解他們在參與、信任與態度如何的好方法。以一位主持人來引導討論，確保討論方向正確，含括相關主題。其他主持人則觀察、收集材料。我們經常根據不同的使用者類型來分割焦點群組，而非將他們混在一起。

我最常用來了解使用者的方法便是貼身查訪，就像黏在牆上的蒼蠅一樣。貼身查訪便是跟著使用者代表度過他們的一天，觀察他們做什麼事，與誰互動？問問題也是貼身查訪的重要一環，然而這些點滴收集的資訊裡，最重要的部分會來自觀察。因為人們口中說出來的故事，通常跟他們所作的行為有很大的不同。

這種「黏在牆上的蒼蠅」技巧，代價便宜又不唐突冒昧，可以靜靜的觀察使用者行為與習慣。這種在使用者平常會與產品互動的地點進行測試，是獲取使用者研究極有價值訊息的好方法。而且就像牆上的蒼蠅一樣，這項研究是以不被發現到或注意到的方式完成。

> **TIP** Surveymonkey.com是相當好的網路問卷工具網站。

Kicker Tea Tumbler茶杯原型

🔍 當茶葉遇上科技

除了水以外，茶是世界上喝得最多的飲料。最早的紀錄顯示早在西元前10世紀人們就已經開始喝茶。因此當Kicker Studio團隊決定使用科技來強化「茶葉沖泡的過程（也就是強化這項經過長時間考驗，但未運用過科技的沖泡過程）」，因此他們必須了解更多關於使用者喝茶的事，以便說服他們嘗試一點不同的新鮮事。

Kicker Studio在經過訪問喝茶的人、跟賣茶的店長聊天，並觀察茶葉沖泡師的工作方式，然後訂定了四項設計指導原則：

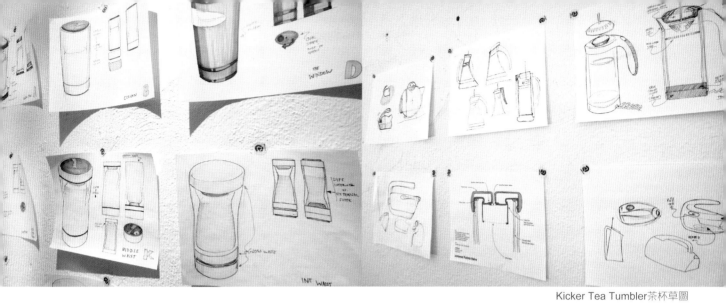

Kicker Tea Tumbler茶杯草圖

1. 尊重儀式。
   不增加新步驟，不給人感覺到戲劇性的變化。

2. 我的茶、我的方式。
   允許喝茶者靈活控制想喝怎樣的茶，允許在泡茶過
   程中進行調整。

3. 不只是味道。
   茶是關於「感覺」的一件事。
   設計也要帶出視覺、嗅覺和溫暖。

4. 數位強化，類比體驗。
   這項過程應該有點像是較低階的科技感，例如不要
   有螢幕。

這種翻轉茶壺以停止加熱，並開始沖泡的過程，是相
當簡單且有效的概念，可以讓茶壺茶杯避免掉多餘的
介面如螢幕按鈕等。多個茶杯原型與多次測試，確保
產品的互動性是直覺且清楚的。

最後的結果便是**Kicker Tea Tumbler**茶杯，像是對一
項古老過程的優雅升級，如同**Kicker Studio**自己所說
的：「重點是茶而不是科技」。

案例研究－Kicker Tea Tumbler茶杯
設計者－Kicker Studio
所在地－舊金山，加州

您需要知道哪些事？

到底要從使用者身上取得哪些訊息呢？通常要從您所設計的產品著手判斷。若是正在設計航空公司的售票機時，並不需要知道使用者在娛樂方面的品味，但如果是設計行動裝置遊戲時，就需要了解了。我們堅信最成功的產品式設計給真實的人們所使用，因此請多蒐集一些資訊，讓設定的人格特點更為符合真實的情況。

也就是說，了解使用者的一些基本訊息，例如年齡、教育程度、背景等是相當重要的。他們對於您在設計所使用的科技部分，會有怎樣的技術能力與熟悉度？他們會在何處使用？使用頻率？每次使用時間多長？

此外，了解使用者的品味與嗜好也很重要。他們平常會進行什麼娛樂活動？例如愛玩電視遊樂器的人，會比看電影或跑馬拉松的人，具有不同的互動經驗值。

同樣重要的是知道您的使用者在數位時代下的互動情形，他們如何獲取訊息以及與他人如何連絡？iPhone使用者會跟一般普通電話的使用者，有不同組的期望值。您的使用者會以Facebook聯絡或傳簡訊呢？這些訊息都會影響到您的設計決策。

最後，了解任何直接與您所設計的產品相關的訊息，也是相當重要的。例如您的使用者是否有特定說法或一些自己常依循的作為，會影響到您的設計呢？舉「手持超音波」為例，您不光要了解醫學用語，也要清楚了解急診室文化。

> **TIP**　請在Facebook設立焦點群組。因為在您缺乏經費與時間時，社群網站便是非正式地收集使用者資訊的好地方。

角色描述

角色描述通常包括照片、名字、關於該特點的一段引用說明、描述特質清單（例如此人在何處工作、婚姻狀況、興趣）、他們的「目標與需求」清單、一段以上的文字來詳細描寫此角色是什麼樣的人，想要什麼，以及他們覺得失望的部分。

某些設計公司會印出不同角色的大張照片，並將它們掛在牆上，讓工作小組的成員都能看到。這就像是一個隨時隨地的提醒，提醒自己無論在設計、業務或技術上做任何決定時，都應該將照片裡的人加入考量，考量他們在我們所設計產品上的需求與渴望。

"A good persona can—and should—be used throughout the life span of a project. Reference your personas in the wireframes and designs and talk about them in meetings and presentations. Give life to your personas and you'll end up designing a great experience for the people they represent."

「好的角色能夠、也應該可用於專案整體的生命週期
　之中。參考您的角色架構圖與設計，並在會議和簡
　報裡討論。將角色賦予生命，便會替該角色所代表
　的真實人們，設計出絕佳的產品。」

—— 引述自Dan Willig
　　Funny Garbage公司使用者經驗設計師

使用者場景與故事

下一個步驟便是說出您的角色將如何使用您的設計，也就是使用者場景。敘述的方式通常會藉由一段故事的形式。一般使用者場景的故事大約是一兩段文字的長度，用來溝通這個角色是誰，他們的需求為何，以及如何使用您的設計來符合他們的需求。

最佳的使用者場景就像一則好聽的故事，角色很有趣也很值得同情，他們的需求很容易被了解，橫亙在需求之處的障礙也很清楚，故事的最後，他們得到勝利，他們透過您與您的小組即將設計建立出來的東西，符合了自己的需求，於是他們的生活也變得更加美好。

溝通您所了解到的事

如何將從使用者身上了解到的事，攤開來與客戶和您的設計小組進行溝通呢？

替心中已有的人選量身設計，絕對會比替一堆資料設計來得容易，人口統計數據對於找到使用者代表很有幫助，不過您所面對的設計決策就沒有多大助益了。

溝通「從使用者身上了解到的事」的第一個步驟，便是為這些我們所界定出來的不同使用者寫下自傳，將您搜集到的使用者資料寫成像是真人的自傳，只不過這是虛構的，是關於「角色」的自傳。

使用案例

使用者場景會以較高層次說出角色的故事，而下個步驟便是說出較細節、較特定的故事，也就是角色如何使用您的設計，來完成某些小目標，例如註冊帳號或瀏覽內容，也就是提供完整必要的使用者場景描述。

使用案例小故事，描述一些解釋使用者進行某項動作，所會採取的步驟。通常只要幾句話的長度或表格文字即可，請使用「現在時態」來形容，並且以目標清楚的句子當開頭：「該使用者需要開啟手持超音波裝置」，接著描述使用者的互動，例如「使用者打開裝置的電源」，系統回應寫法的表現是「螢幕顯示出起始畫面，顯示該裝置已啟動」。

使用案例在決定設計細節時相當有用。透過這種使用者跟設計系統每個環節之間，詳細互動步驟的故事說明，可以協助了解所有您需要設計的各種不同訊息與功能。

不論成功或失敗的步驟都要記錄下來，失敗的案例有時稱之為「例外流程」，指使用者犯錯或系統對需求無回應時，詳細記錄經過的特殊使用案例。設計過程中經常會忽略掉失敗案例，很可能會在應用程式編寫完成後，導致需要額外的附加功能，或甚至造成系統的混淆。因此若您有時間的話，請在寫下使用案例的同時，也記下失敗的案例。

藉由了解您的使用者，包括他們的需求與故事等，便能設計出有用且有價值的產品。不過我們離開始設計還遠得很，現在既然已經了解您正在為誰設計，以及他們的需求為何，所以是時候盡量了解使用者現在符合需求的程度如何，也該多了解您的競爭對象了。

🔍 Ocean Portal網站

Funny Garbage公司受僱於史密森機構的國家自然歷史博物館，為他們建立Ocean Portal網站（以下稱「海洋入口」），並採用網路互動體驗，旨在促進對全球海洋的好奇、認知、了解和管理等。在初期的設計過程中，也採用建立使用者人物角色，並用來描述主要的觀眾群。

藉由客戶協助來判斷使用者角色時，界定了「教師」是必須吸引的重要使用群，因為他們會使用此入口網站來將海洋知識介紹給學生。最初，「海洋入口」網站小組想過要把詳細的課程規劃涵括進來，不過從教師處得到的訊息是他們想自己做課程規劃的事，因為這樣可以符合自己在教學上的特定需求。

藉由提供原始材料來建立課程的方式，「海洋入口」網站便可成為對教師們更有價值的資料來源。設計師還發現即使不是教海洋相關課程的教師們，也會將這些相關材料，使用在數學課或公民課上。使用早期假設來與教師們互動溝通，進而轉變了建立內容的努力成果，並且加入了活動與課程等。藉由加入對教師們有助益的材料「篩選」方式，例如分成年級、主旨、主題等，「海洋入口」網站的教育內容便成為了相當有價值的教育資源。

案例研究－「海洋入口」網站（ocean.si.edu）
設計者－Funny Garbage
所在地－紐約，紐約州

「海洋入口」網站首頁設計

角色1：
教師

姓名：

Jane

背景：

高中科學教師需要安排課程表。

在Jane長達15年的教書過程中，她花費了許多夜晚時光來搜尋最新的參考資料，以便運用在課程計劃中。

需求：

能納入嚴謹控制課程之中的科學資訊與材料。

「我真的很難找到可信賴的、最新的素材，來用在生物課程規劃中。」

Jane的角色

Jane打算在課堂上講述一段關於人類對珊瑚礁的衝擊影響，她覺得在課程裡所用的生命科學課本描述的訊息，以及特定的課程規劃與作業等，對該項題目的訊息都相當不足，可能的原因是因為人類對於大自然的衝擊不斷的改變中，而她的課本已經用了五年了。

Jane的第一個搜尋處是Google：她搜尋「珊瑚白化」，當然很正常的出現了維基百科、國家地理與NOAA（美國國家海洋暨大氣管理局）——不過她卻驚訝地在 Google圖片搜尋結果裡，發現了史密森機構夢幻般的珊瑚蟲圖片。

因此Jane在「海洋入口」網站的第一個造訪停留點，便是珊瑚礁生態系的頁面，上面的焦點是珊瑚蟲的大圖。Jane繼續點擊上面的幾張圖片，然後是珊瑚蟲生命史的美麗影片。Jane繼續觀看其他珊瑚礁頁面，很高興有這些關於珊瑚的詳盡資訊，由簡單到深入的探討主題，例如特色生物，生物受到的威脅和解決方案，特別是「與人類的關聯」裡，甚至有一個連結會連到一篇關於珊瑚白化的文章。

接著Jane還注意到有一個連結是「準備關於珊瑚的課程」。「真是不敢相信！」她心想，不過管他呢，試試看吧，於是她點下這個連結。

Jane的下個停留點便是「珊瑚課程規劃」。裡面有可下載的PDF簡報檔案，可用來投影，也可以列印出來當講義。也有課堂活動，連結到更多關於珊瑚的素材資源，以及關於珊瑚的OPP故事連結（有相關的學習對象）。「咦？什麼故事？」Jane決定看看究竟。

這個分為六章的故事，是關於史密森機構人工飼養埃爾克霍恩珊瑚的努力過程。Jane點擊看完這個故事，故事本身很吸引人，對學生來說應該能維持他們的注意力。

Jane的使用流程

Jane點回課程頁面，下載課程素材，複製了故事連結，然後極為放鬆地喘了口氣。

她瀏覽教師專區的頁面，很開心地看到一些其他課程計劃，並且看到會有更多計劃每月陸續推出的訊息。

Jane將此頁面加入書籤，然後發現她可以訂閱新課程計劃的RSS服務，以便在新課程推出時立刻知道。她訂閱與複製網址，並即時傳訊息給教師同事David，接著Jane繼續規畫她的下一門課程。

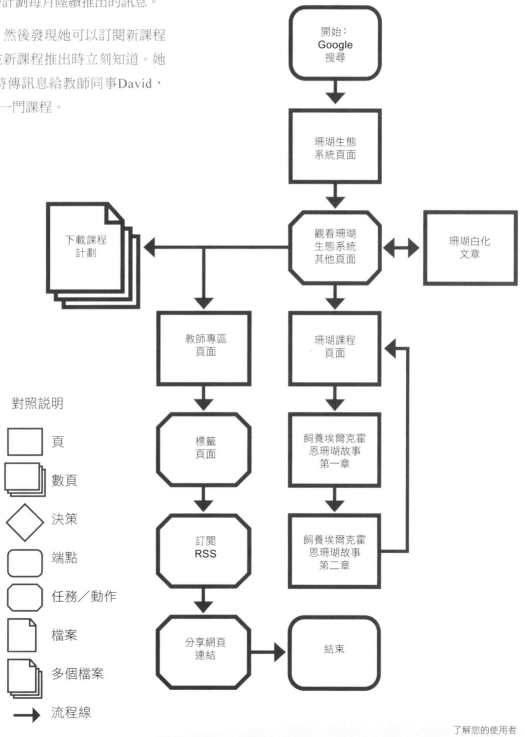

角色2：
有抱負的
海洋探索者

姓名：
Josh

背景：
從小在海邊長大的年輕人Josh，非常喜愛海洋。即使是在最冷的天氣裡，他也會戴上蛙鏡沿著岸邊游泳，尋找海洋生物。他想要在幾年後上大學時，主修海洋生物。

需求：
有趣、內容豐富的網路體驗，找到各式各樣的海洋生物資訊。

「我想為地球盡一份心力！」

Josh的角色

Josh正在上網搜尋資料，也就是他常做的一些關於環境與海洋的研究時，收到一封弟弟Jonathan寄來的e-mail，內容是關於某個網站，因為Jonathan在找資料寫作業的時候，只要發現海洋相關的資料，都會轉寄到Josh的信箱。Josh依照Jonathan提供的網站連結，連到「海洋入口」的「海洋與我們」的網頁。

Josh本來就知道今日的海洋正面臨許多挑戰，不過他知道要學的東西還有很多。他看見最近發佈關於「海洋生活與保育工作的成效」的連結文章，文章內容裡有一些圖片與其他研究的連結，這些正好就是他正在尋找的東西。

讀過幾篇關於保育工作的文章，得知更多其他關於海洋即將面臨生態危機的文章後，Josh注意到他最喜歡的海豚，也是瀕臨危機的海洋生物之一。他跟著閱讀這些訊息，不僅對這些危機感到失望，也對海豚在學校游泳的身影給吸引住。他確實關注了從他喜歡的動物，以及先前讀到的海洋環境相關議題等，這個網站讓這些連結文章，都變得很容易了解。

由於想要知道自己可以幫什麼忙，因此Josh跳到關於「未來努力方向」的頁面，希望了解自己或其他人如何加入幫忙。他已經知道海洋食物的永續性，但他想了解更多進行中的計劃，以及永續生活方式的技巧。在其中一個網頁裡，他看到「史密森夥伴機構」的連結，並在「北大西洋不得過度捕魚」請願書上簽名，然後也在離他家不遠的保育教育計劃裡申請當義工。接著他回到「海洋入口」網站，捐錢給史密森人網站，然後加入「海洋入口」網站的RSS，讓他可以在最新的計劃與訊息出現時，立刻得知。

Josh非常開心能找到這麼多的可能性，不過他知道如果想要做出什麼改變的話，就必須有更多人參與。他想知道「海洋入口」有沒有能幫助他分享這些訊息的方法。首先，他下載一些比較戲劇性的消息到相關的

保育團體，接著他將一些文章，以e-mail的方式寄給一些朋友與海洋生物網站留言板上的同好。他找出這些比較具有警示性質的文章與照片，並將它們加上自己認為的標記文字，讓潛在可能的保育愛好者可以搜尋到。

離開「海洋入口」網站後，Josh登入Facebook，加入「海洋入口」粉絲團，並將網站貼在自己的經歷，並貼到一些朋友的留言牆上，然後回來在自己的動態消息寫下一些關於這個新發現的海洋保育網站資源。

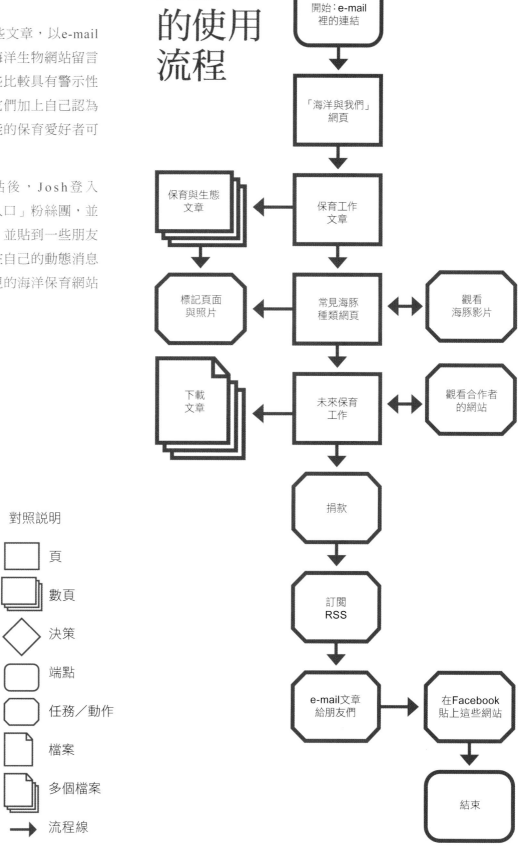

Josh 的使用流程

開始：e-mail 裡的連結

「海洋與我們」網頁

保育工作文章 → 保育與生態文章

常見海豚種類網頁 → 標記頁面與照片

常見海豚種類網頁 ↔ 觀看海豚影片

未來保育工作 → 下載文章

未來保育工作 ↔ 觀看合作者的網站

捐款

訂閱 RSS

e-mail文章給朋友們 → 在Facebook貼上這些網站

結束

對照說明

頁

數頁

決策

端點

任務／動作

檔案

多個檔案

→ 流程線

Kevin C. Downs 拍攝

角色3：
海洋狂熱者

姓名：

Fred

背景：

Fred平常空暇時的興趣是帆船與攝影。最近幾年，他非常關心捕撈過度與海洋汙染的問題。

需求：

目前海洋狀態的資訊，及自己如何協助改變的訣竅。

「我平常盡可能把所有的閒暇時間都花在水裡，因為海洋就是這麼的平和、神祕。希望我的子子孫孫都能同樣享受到這種感覺。」

Fred的角色說明

Fred在Facebook上跟一些朋友聊天，他看到有一個朋友Josh的興趣好像跟自己很接近，最近貼了一些關於「海洋入口」網站的消息，他覺得很好奇，於是點擊這個連結，連到「海洋入口」網站的首頁。由於不知道要先看什麼，於是Fred在搜尋框裡輸入「大堡礁」，看看網站裡是不是也有照片是關於這個他相當熟悉的地方。搜尋結果顯示了關於珊瑚與生態的頁面，還有一些照片，更棒的是還有影片！Fred自己已經收集了許多關於珊瑚礁的照片，但他發現這裡的資料比自己之前所收藏的還多。

Fred對自己首次搜尋就找到這麼多東西感到很開心，因此他試著搜尋自己真正關心的海洋探索的歷史記載，他輸入「探勘史」，並找到關於此標題的最近發表科學研究。Fred閱讀這些研究的內容提綱，並下載一篇完整的文章以便稍後閱讀。他想知道這位科學家是否還發表過關於這項題目的其他研究報告，因此他花了點時間在「海洋科學」網頁裡，關於這位科學家的研究內容。然後花了很多時間瀏覽更多內容，並在其中一篇文章留言。

Fred在研究海洋探索史時所遇到的最大問題之一，便是很難描述出涵蓋如此長時間歷史的資訊內容。他看到網頁裡有一個章節是關於「海洋的歷史」，看起來真是太棒了。他點擊後看到關於海洋的過去、現在與未來，這些豐富的資訊令人印象深刻。然後他找到一個清楚標明年代的航海遠征互動時間軸，「非常有趣！」他心裡這樣想著「或許我比自己所想的還要更加喜歡海洋」。

接下來，Fred圍著他喜歡吃的一種魚的訊息打轉，也就是智利鱸魚。看著這些網頁，他不僅了解到這種魚的真名是巴塔哥尼亞齒魚，也正面臨着問題，也就是他喜歡的這種食物將變得越來越少。突然間，關於海洋環境問題的討論，似乎已經離自己越來越近。

Fred對「海洋入口」網站的評價相當棒，覺得它對於海洋相關課題的學習都很方便。如同其他他所認同的網站一樣，他立刻將網站加入Del.icio.us，並且在Digg裡給該網站一個讚。接著拿起手機在Twitter寫下今天在網路上搜尋的收獲。因為他的興趣被激起了，因此開始在Twitter以及其他常去的社群網站，搜尋是否有其他人也討論到海洋的話題，以便可以加入討論。

Fred的使用流程

```
開始：Facebook上的連結
      ↓
「海洋入口」網站
      ↓
海洋探險文章1 ────→ 下載文章
      ↓
留言 ←→ 海洋科學網頁 ────→ 海洋探險文章2
      ↓                      ↓
使用其他時間軸 ←→ 使用互動的海洋探險時間軸      海洋探險文章3
      ↓              ↓
巴塔哥尼亞齒魚網頁    貼網站到Digg與Del.icio.us
                     ↓
              發佈到Twitter上 ────→ 在網路上搜尋相關討論
                                          ↓
                                        結束
```

對照說明

☐ 頁

⬜ 數頁

◇ 決策

▢ 端點

▢ 任務／動作

▯ 檔案

▯ 多個檔案

➜ 流程線

動手試試

建立自己的使用者角色、場景與使用情況。

您可以由自己認識的人開始描述起，他們的姓名、年紀、興趣、對科技的適應能力？

然後說關於這個人與某個網站（如Facebook或Google）的互動過程，他們是如何造訪網站的？他們在網站裡做了哪些事？

接著寫下他們在該網站完成某項任務的確實步驟經過，例如註冊帳號或在網站內搜尋等。

最後，請繪製出他們所造訪的每個網頁的流程圖，在每個網頁上所作的動作、作的每個決定或網站回應的動作等。

以下便是一個讓您開始練習的例子，我們的擬定角色Anna，想要在Facebook這類的社群網站找朋友。

接下來的例子，是依據一般人在社群網站交友時的類似情況，可以協助將使用者的使用流程加以視覺化。

Anna的場景

背景：Anna Bell是來自芝加哥一位24歲的女性，她喜歡自行車和烹飪節目。Anna用這個網站來認識新朋友，並與舊朋友保持聯絡。

Anna登入此網站，在朋友Lucy的動態消息中，她發現Lucy最近跟高中時期的共同朋友Andrea成為朋友了，Anna決定也要把Andrea加入為朋友。Anna點擊Andrea的使用者名稱，然後到他的個人檔案頁面，接著她從這邊點擊左側的「加為朋友」按鈕。

Anna的使用流程

此流程圖（右頁）幫忙描述了Anna要加入朋友以及系統可能的回應，所需用到的步驟。

現在請自己動手試試看，替朋友或家人建立一個角色，想像他們跟自己常用的網站互動，並寫下場景與使用情況。

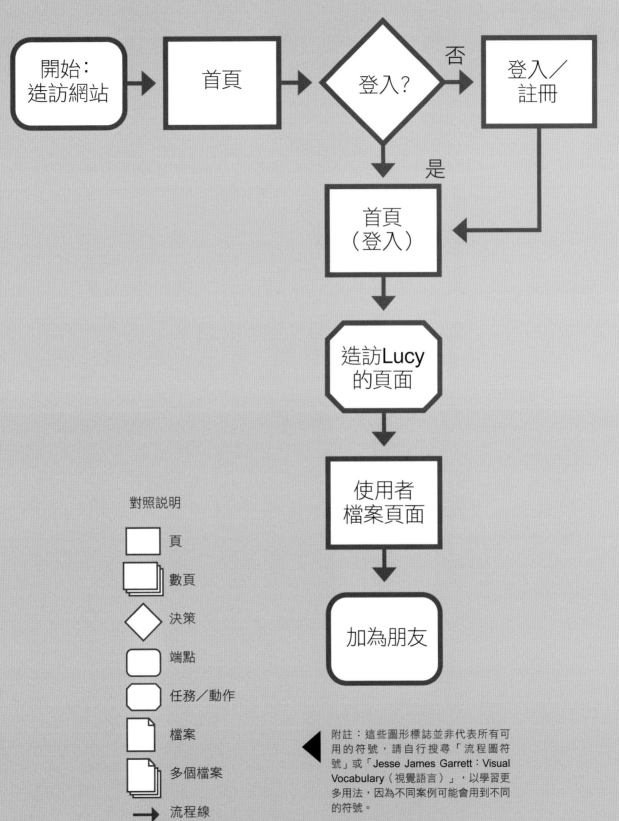

開始：
造訪網站 → 首頁 → 登入？ ──否──→ 登入／註冊

是

首頁
（登入）

造訪Lucy
的頁面

使用者
檔案頁面

加為朋友

對照說明

▢ 頁

▢ 數頁

◇ 決策

▢ 端點

▢ 任務／動作

▯ 檔案

▯ 多個檔案

→ 流程線

◀ 附註：這些圖形標誌並非代表所有可用的符號，請自行搜尋「流程圖符號」或「Jesse James Garrett：Visual Vocabulary（視覺語言）」，以學習更多用法，因為不同案例可能會用到不同的符號。

親和力

親和力在UX設計上是相當重要的考量，不過在設計會議上卻較少被提及。親和力是專門用來形容一個網站對於各種類型的人在使用上，到底是否好用與易用的程度。

親和力會強調在失能或有特殊需求的人身上，許多使用特別輔助功能如螢幕閱讀器的人，也就是會將文字讀出聲音的功能，讓他們也能方便體驗我們所設計的網站。

親和力的概念運用在互動設計上，會問到這些問題：在我們的所有使用者中，對於失能或有讀字需求的人來說，我們的設計是否足以符合他們在效率、能力與合宜等方面的需求與目標？這些極高價值的目標通常很難達成，因為我們的設計師很少受過「親和力」設計的訓練，或甚至在設計時根本不曾考慮過「親和力」這件事。

如同所有「以使用者為中心」的設計一樣，要將親和力加入設計中的第一件事，便是要了解使用者的需求。他們受到了什麼限制，他們將會如何與您的設計互動，他們的實際需求與想望為何？在回答這些問題的思考過程裡，身為設計師的我們，才能開始了解如何讓設計變得更具親和力。

一旦決定使用者的需求之後，設計師與開發者便可找到許多網路資源，提供了讓一個網站更具親和力的策略與手法。

全球資訊網協會（W3C）是一個致力於開發網路標準的國際組織，他們制定了網頁親和力協議（WAI），發展出各種策略、準則與提供資源，以協助殘疾人士在使用網路時的親和力

www.w3.org/WAI/

美國聯邦政府的復建法案第508條規定，需確保所有的美國聯邦訊息技術都須符合親和力，或說「符合508條款」。因此Section 508網站的「網頁親和力」訊息，是非常有用的資源。

www.section508.gov/

"Accessibility is not specific to any device, system, or platform. It is driven by an understanding of behavior, the business climate in which that behavior resides, and the social responsibility to manifest a common good. Accommodating people's diverse needs is at the heart of any inclusive design practice."

Kel Smith,
principal, Anikto LLC

「「親和力」並非特定指任何周邊、系統或平台，而是指一種行為上的理解，該行為所存在的商業氛圍，以及清楚顯示共同利益的社會責任。樂於幫助人們不同需求的信念，應該要存在於任何包容性設計的核心之中。」

—— 引述自Kel Smith
　　Anikto LLC負責人

了解競爭對象

了解客戶的目的、使用者的目的，加上自己設計所需的各項技術，看起來似乎可以建立出成功的最終產品。當然不是，因為您並非唯一一位想要建立符合使用者需求而設計的人。

您的設計將會與各式各樣的產品來「競爭」使用者的注意力、時間與忠誠度。這是真的，就算在技術上來說您是「首次問世」、建立了從來沒人生產過的東西、具有自己在產品上的分類（例如像微網誌平台Twitter）也一樣。

當Twitter推出時，它的地位相當吃力不討好，不僅要解釋自己是什麼、為什麼獨特？還要與其他現有的各種通信平台和工具競爭，例如簡訊、電子郵件、即時通，部落格工具、社群網路等。Twitter的競爭對象還包括傳統的溝通模式，例如一對一的對話、塗鴉或是在街角大喊等。

藉由了解與傾聽使用者，以及了解這些一起競爭使用者注意力的對象本質，Twitter的設計小組便能做出正確的設計決策，讓Twitter與其他類型的溝通方式產生差異性。藉由了解使用者逐步成形的需求，以及其他競爭通訊平台無法滿足這類需求，Twitter開了一種免費同時傳送文字訊息給多人閱讀的方式，最後則形成全新且獨特的應用。它不算留言文字、即時訊息、部落格或e-mail，它就是Twitter。

🔍 Behind the Bones
—— 引述自Mike Kern
　　Welikesmall公司股東與總裁

Smokey Bones是家佈點遍及全美的大型連鎖餐廳，他們來找我們幫忙重新設計網路品牌形象，因為他們想從傳統的BBQ燒烤，進一步轉型為運動迷餐廳。

文接76頁 ⌐

FIRE UP THE
GOOD TIMES

Smokey Bones isn't your ordinary eatery. It's a bar & fire grill where big, bold flavors, hand-crafted cocktails and good times are guaranteed. So go ahead, take a look around. You're gonna like what you see.

LIKE US ON FACEBOOK
C'mon. You know you want to write "first" on all of our status updates.

FIND YOUR LOCATION
Find your home bones and like their facebook places page for local updates.

JOIN THE BONES CLUB
You get rewarded for eating and drinking. Why on earth wouldn't you

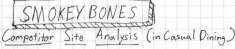

SMOKEY BONES
Competitor Site Analysis (in Casual Dining)

GOAL OR TARGET

- Smokey Bones
- Chipotle

COMPLEX
DEVELOPMENT
Technical Achievement and/or Merit
SIMPLE

- Applebees
- Hard Rock Cafe
- PF Changs
- The Cheesecake Factory
- Maggiano's
- TGI Fridays
- Macaroni Grill
- Olive Garden
- Hooters
- Rainforest Cafe
- California Pizza Kitchen
- The Capital Grille
- Red Lobster
- Benihana
- Longhorn Steakhouse
- Bahama Breeze
- Outback Steakhouse
- Ruby Tuesday
- Johnny Rockets
- The Old Spaghetti Factory

BAD   INDIFFERENT   GOOD

WHERE DOES SMOKEY BONES FIT?

DESIGN QUALITATIVE PROPERTIES UI, TYPOGRAPHY, GRID, ETC.

FIND YOUR HOME BONES
BONES LOCATOR

Looking for a good time? Stick your Zip in the box below and we'll show you where to find it.

Enter your State, City or Zip

什麼是您想要競爭的？

第一個步驟便是要決定使用者的渴望與需求，是針對他們的時間？金錢？或忠誠度呢？您要爭取的是去愉悅他們？告知他們或幫助他們呢？

了解使用者想要的「規格」是很重要的，舉例來說，他們可能在尋找附近是否有上映某部電影的戲院，而且是即將開演的。但同時了解他們的動機也是很重要的，例如他們是真的在追求娛樂活動，或只是想打發時間？

在此例子裡，使用者想看電影是出於娛樂需求，因此您便有許多直接的競爭者——App程式類的Fandango（電影網站、App）、搜尋網站如Yahoo!，甚至是傳統媒體的報紙電影版等；非直接的競爭者則是想要迎合使用者動機所需，也就是本例設定的娛樂，這些屬於您製作電影App的非直接競爭者，包括了酒吧、餐廳、電視遊樂器或體育賽事等。

藉由了解使用者的特定需求，便能開始了解符合使用者所需的不同選項，因此您便可以開始定義自己的競爭對象為何？

> **TIP**　請試著把您的競爭對手變為盟友，依據產品的本質，您有機會可以在自己的網站提供競爭者一塊空間，將他們提供的內容作為「駐站部落客」之類，或是潛在的內容提供者等。

↰ 續接74頁

我們找出幾個互動競爭者在休閒用餐空間裡的缺失，使得在設計開發網站時，具有獨特的優勢，以成為餐廳網站的新模範，以下便是我們所具有的優點：

設計上的研發開放性：不要被特定的技術限制住。當快速樣本化與建立網站時，請盡量使用那些有利開發的方式，做出設計上的技術決定時，一定要有重要的原因，而不要被一些過時的系統限制產品的最大可能性。舉例來說，不要只因為首頁上的一段動畫，而強迫網站一定要綁Adobe Flash。

設計影響一切：在Smokey Bones的網站建立過程中，我們學會在餐廳的菜單上運用細微的心理作用，並將它當做我們的優點。如果使用的字體太過華麗，客人會以為這是家很貴的餐廳；而當字距間隔難以閱讀時，又會讓客人留下很差的感受。在字體設計上取得優良平衡，將強烈影響到品牌的接受度。

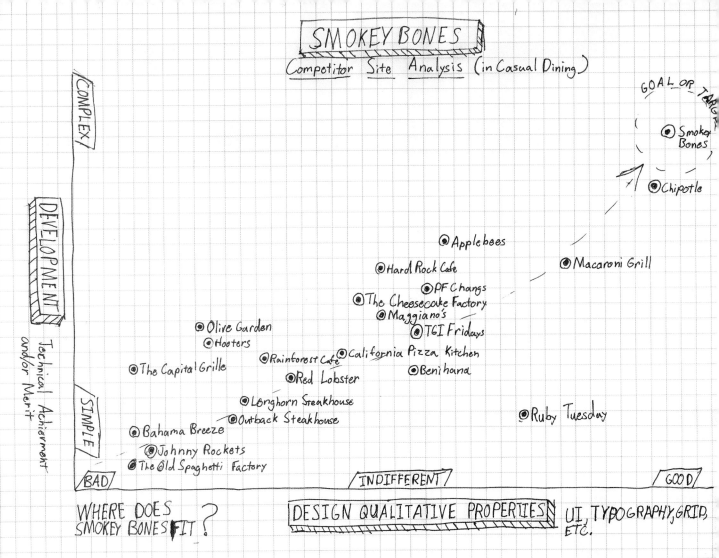

SMOKEY BONES
Competitor Site Analysis (in Casual Dining)

GOAL OR TARGET

⊙ Smokey Bones

⊙ Chipotle

COMPLEX

DEVELOPMENT

Technical Achievement and/or Merit

⊙ Applebees

⊙ Hard Rock Cafe

⊙ Macaroni Grill

⊙ PF Changs

⊙ The Cheesecake Factory

⊙ Maggiano's

⊙ TGI Fridays

⊙ Olive Garden

⊙ Hooters

⊙ Rainforest Cafe ⊙ California Pizza Kitchen

⊙ The Capital Grille

⊙ Red Lobster

⊙ Benihana

SIMPLE

⊙ Longhorn Steakhouse

⊙ Outback Steakhouse

⊙ Ruby Tuesday

⊙ Bahama Breeze

⊙ Johnny Rockets

⊙ The Old Spaghetti Factory

BAD

INDIFFERENT

GOOD

WHERE DOES SMOKEY BONES FIT?

DESIGN QUALITATIVE PROPERTIES

UI, TYPOGRAPHY, GRID, ETC.

Smoking bones競爭者分析

替未來規劃：提前考量可以讓網站避免像一般餐廳網站，經常出現大雜燴式的功能落差，並且能保持設計的優良完整性。我們總是會試著為網站進行「未來保固」，以確保網站啟動日不會是唯一的完美日。這個網站已經推出六個月了，看起來還是相當完善，所以我們知道這是成功的網站設計。

案例研究－Smoking Bones網站（www.smokeybones.com）
設計者－Welikesmall公司
所在地－鹽湖城，猶他州

時間、金錢、忠誠度與認同

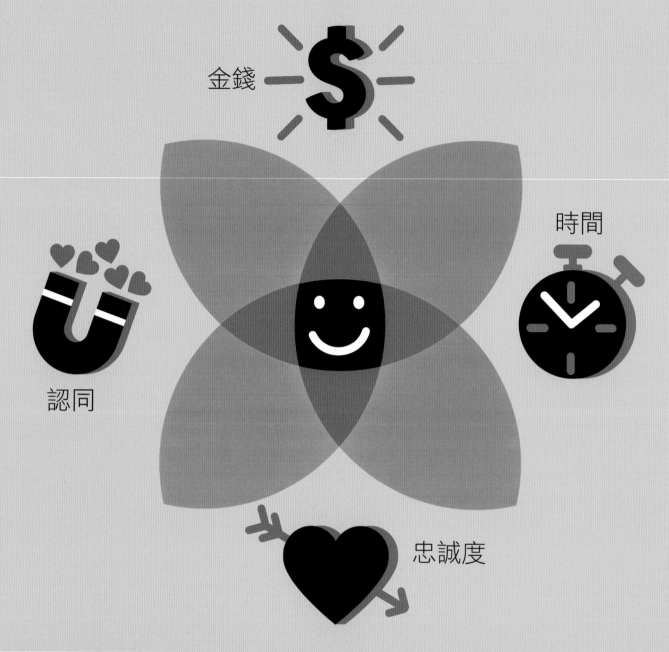

金錢

時間

認同

忠誠度

無論您建立什麼產品或服務，都可能發現自己正在跟使用者的時間、金錢、忠誠度與認同競爭。時間與金錢可以清楚明白，但忠誠度與認可就需要加以解釋。忠誠度是指使用者重複購買（或使用）相同產品（或服務），而且很可能會繼續如此下去。認同是使用者認同品牌的某項產品後，很可能也會認同該品牌的其他產品。在本質上，他們已經在生活當中認同這項品牌。一旦有足夠的使用者認同品牌時，該品牌便有能力控制與定義他們的產品（或服務）。

金錢：某個樂團出了新唱片，而您想要購買數位版本MP3，您會選擇把錢花在哪裡？去Amazon或iTunes商店？或是直接到樂團官網或唱片公司網站？

時間：您在一家餐廳等朋友，要打發一下時間。因此您可以在手機上玩一些應用程式，有機會開 各種App，不過到底會選擇哪一個App呢？

忠誠度：您正在上網瀏覽，會使用哪家瀏覽器呢？大家通常會固定使用同一種瀏覽器，可以儲存密碼與經常造訪網站的瀏覽器會更受歡迎。

認同：您剛買一台平板電腦，因此不太可能在最近又買另一家公司出的平板電腦。然而當您想升級時，通常可能會購買同一家公司推出的新機型吧，因為您目前所使用的內容跟應用程式，比較能與新機器相容。況且您已經贊同過該公司的產品，應該不太可能在這個時機點，切換到另一家公司的產品。

競爭格局

了解使用者需求以及所有可以解決他們需求的方法，便是建立競爭格局的起始點。也就是說您要列出能滿足使用者需求的所有選項，並將之分類成直接與間接的競爭者清單。

您的客戶通常會知道自己的直接競爭者，因此詢問客戶他們自己認為的主要競爭對象是誰，會是個不錯的起點。再加上額外的網路搜尋，才能得到較為完整的直接競爭者清單。

多數客戶不會把焦點放在間接競爭上，因此要定義間接競爭的對象會比較困難。您可能必須要從使用者調查方面，找到一些線索。「貼身查訪」在觀察哪些其他事物可能會是影響使用者注意力的「間接競爭」對象上，會是特別有用的調查技巧。而欲建立出可靠的直接競爭者清單，其關鍵便在觀察使用者動機，也就是觀察要他們想要事物或需求他們想需求事物。

競爭分析

一旦您已決定您的競爭格局後。下一個步驟便是要了解各個競爭者是如何符合使用者的需求。哪些有用哪些無效？是否有特定的技巧，為什麼他們會跟別人做相同的事？

有很多方法可以記錄或傳達這些訊息，「競爭分析」便是說服客戶嘗試新方向或解釋為何作出某項設計決定時，相當有用的工具。然而最重要的競爭分析觀點，便是身為設計師的您，自己清楚明瞭到底誰是競爭者？他們到底提供給您的使用者什麼內容？到底是如何提供的？以及最重要的：他們沒提供什麼？

白地策略（White space）

了解競爭格局並執行競爭分析，可以幫設計師了解如何以創新設計在「白地」迎合使用者需求。白地（White space）一詞用來指競爭者尚未進行的事與未提供給顧客的東西。

白地在前面看電影的例子中，可能是沒有任何競爭者提供使用者「接下來30分鐘內可看電影」的清單功能；或是目前尚無任何訊息平台，可以「讓使用者直接散佈訊息給其他多數人」這類功能。

繪製圖表來了解您設計周邊的可能「白地」，是建立創新設計決策的重要關鍵。了解使用者的需求、以及目前競爭者如何滿足這些需求，以及最重要的：競爭者如何「未能滿足」該需求？如此的「白地」便能領導設計師做出強大而明智的決策，成為建立成功設計的重要關鍵。

您已經決定好要做出這些決策了嗎？進行之前，還有一個因素必須加入考量，也就是您打算為何種系統平台設計？

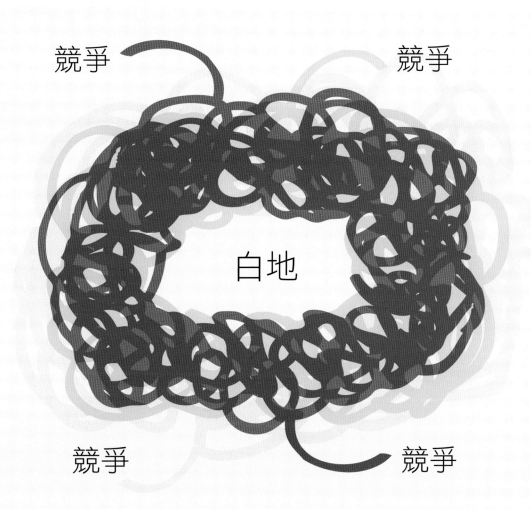

競爭　競爭

白地

競爭　競爭

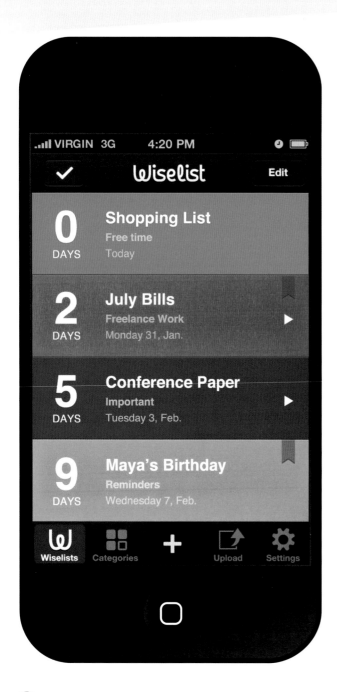

Wiselist App的設計

🔍 Wiselist

Wiselist是一款結合了「待辦事項」與「任務管理」以及資料儲存等的App應用程式。使用Wiselist不但可以安排管理您個人與工作的層面,還可以附加檔案以便完成某項任務。而您所有的資料與附加的檔案,都會自動儲存到雲端,讓您方便管理、隨時隨地存取、並增進效率。

市場上已經有太多「待辦事項」與「任務管理」類型的應用程式,雲端儲存的應用也越來越多,不過,成功的產品總是能結合各家優點,建立出自己獨特的使用體驗。

Wiselist

Things

Basecamp

Tickets

Producteev

Flowdock

Notes

Teux-Deux   **iCal**

Wunderlist   **Remember the Milk**

Remembers

Evernote   **Dropbox**

iCloud   **Amazon Cloud Drive**

SugarSync

● 待辦事項類App
● 提供深度管理
● 提供雲端儲存

界定「白地」之後，Wiselist在擁擠的市場裡，找出了一塊白地。

案例研究－Wiselist App（www.wiselist.net）
設計者－Wiselist
所在地－紐約，紐約州

內容為王

您所設計的許多App與網站的主要目的都在傳送「內容」，包括視訊、音訊、照片、文字、互動圖片與遊戲等，也就是包含通知、教學、娛樂等內容。這些內容可能是由您的客戶所建立，第三方提供內容者或甚至使用者本身提供的內容。

最好的設計便是要提供使用者容易尋找、有相互關聯、最新的內容，而且是易於觀看、閱讀或聆聽的內容。而要做出好的設計決策，便須在本質上了解您的設計將會提供什麼樣的內容？這些內容要來自哪裡？如何建立這些內容以及多久要更新這些內容？

由於尋找與消化這些內容，是成功設計不可或缺的過程，因此跟客戶一起訂定內容的執行策略是相當重要的一件事。內容策略是一份文件，裡面列出的重點需包括「目前可用的內容」、「尚須建立何種內容」、「這些內容要如何在設計上傳達」、「誰要負責建立與管理這些新內容」、「增加新內容與更新內容的頻率為何」等。

🔍 Infinite Creativity

Infinite Creativity 是一種允許協作、展現以及數位繪圖創作的多點觸控體驗。它是由Second Story公司替Adobe Systems與Tech Museum of Innovation（創新科技博物館）舉辦Spirit of Silicon Valley Exhibition（矽谷精神展）所作。

文接86頁 ⌐

Infinity Creativity藝術創意觸控螢幕

↰ 續接84頁

此種互動體驗利用參觀展覽者的創意能力，產生持續轉變的藝術流動。訪客使用他們的手指擦滑螢幕，便可產生彩色的波浪線條、斑點和絲帶圖樣。這些觸控所產生的圖畫，會持續在一旁的大螢幕上捲動，讓所有人都可以看到。這是使用者生成內容（UGC）的絕佳實例，因為它既簡單到可以讓任何人參與，又足夠吸引所有訪客的視線。能夠產生的內容也有所限制，讓使用者無法產生需要管制的內容，這是建立UGC時，相當重要的考量點。

案例研究－Infinite Creativity裝置
設計者－Second Story互動工作室
所在地－波特蘭，奧勒岡州

為何事先界定內容策略很重要？

1. 關於內容的討論可以從客戶端帶出不同的意見，因為他們有各種不同的工作項目和目標，對初步的討論很有幫助。

2. 客戶與代理商之間，通常不太清楚到底誰要實際負責建立「內容」的部分，他們可能會假設經銷商會負責建立新內容，而經銷商的想法則剛好反過來。然而在過程中交付產品的其他部分，就不會產生這類歧異，這是因為內容的需求（例如額外的視訊格式或影像大小，舉例來說），同常在合約簽訂之後就已經決定好了。是以越快達成共識，專案的時間表、規模與預算就比較沒有受到影響的風險。

3. 您將有權做出更好的設計決策。

4. 客戶可能無法立即了解您所提供的價值，為了建立成功的產品或體驗，便需將內容策略納入討論中，以便讓討論與設計過程有所依循。

內容的格式
與類型

內容是用來設計應用程式的原始材料，了解您的設計所將傳達的不同類型內容，便是建立出好設計決策的第一個步驟。

您需要了解內容類型（音訊、視訊、照片或文字）、內容的格式（MP3、Quicktime影片、JPEG檔案或RSS訂閱等）、內容大小與比例（640x480像素或3：4的長寬比例）等。

了解原始內容是否特定為您的設計所建立，或從不同來源收集（例如部落格或第三方內容出版商）、或由使用者所產生，也是相當重要的一件事。

建議閱讀：《Content Strategy for the Web》第二版，Kristina Halvorson著，New Riders出版，2010年。

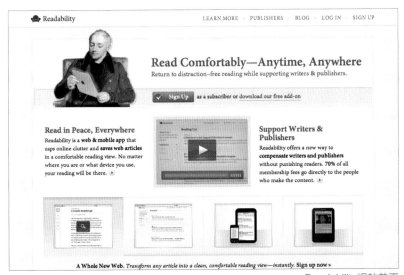

Readability網站首頁

🔍 可讀性

Readability.com既是網站也有行動裝置App，用來讓閱讀動作變得容易些。它會幫您將網頁上的分區與干擾（例如額外訊息、跳出框、設計元素與廣告等）移除，並幫您呈現只有主文的閱讀方式。這類應用程式之所以成功的原因，便是在於覺得使用者主要是想觀看好品質的內容，但通常會隨著出現這些干擾的小東西。

案例研究－Readability網站
（www.readability.com）
所在地－紐約，紐約州

內容的類型

使用者都想要好內容，因此儘早定好內容策略是相當重要的，而找好必須負責提供內容的人，也同樣重要。大家越早有共識，便越有可能建立出好的產品。以下便快速帶各位導覽一下內容的「類型」。

傳統的內容

傳統的內容是指已經存在，但必須結合進新專案裡的內容（舉例來說，重新設計的網站）。必須先檢查過這些內容，看看是否應該加以編輯、修剪或刪除。試問自己這些問題：這些內容跟新網站相關嗎？是否有技術方面的限制？舉例來說，如果這是舊遊戲的話，遊戲的解析度大小可能會跟新的顯示比例尺寸不符。您的網站設計將如何支援這些內容？要如何將這些舊內容搬到新網站呢？確定好哪些部分必須手動進行，哪些部分可自動依程式碼搬移？

自定內容

您盡心為新網站製作的遊戲、部落格文章頁面、播放影片的新視訊播放器等，都屬於自定的內容。通常這些都是最花錢的部分，但通常也會是最佳的內容。使用者會喜歡這些東西，因為這些是專門迎合他們的需求，也是專為他們所製作。而且您也知道這些內容是符合品牌的，因為這是您在設計過程中所考量過的。

整合內容／夥伴提供內容

整合內容可以是自動拉進網站裡，或是經過編輯再放入。自動拉進來的內容比較容易維護，不過風險是不一定都能符合您的使用者所需要的。若內容是來自信賴的夥伴，而且跟你的編輯方向相同的話，便可減輕這些方面的操心。

協作內容

協作內容是指內容的原始建立者，是由客戶組織外部的一個團體或個人所建立的內容。這種方式會讓您喪失一些主控權，不過這些外部的內容建立者，通常有機會帶來自己的觀眾與獨特的觀點，不只可以幫您擴充讀者群的規模，也可以協助編輯的層面。客座的部落客或攝影師，便是很好的例子。

授權內容

授權內容指的是自第三方出版者購買的內容，這些內容可以增加網站的深度與質感，但也可能稀釋品牌影響力，因為其內容可能並非完全針對您所設定的使用者群。

使用者產生內容（UGC）

就如同其字面意義，這些內容是由使用者自己所建立的。這是網站產生新內容的有效方式。不過UGC在管理上比較麻煩，維護代價也比較昂貴。因為它們通常需要加以監督，因此代價會逐步走高。如果使用者並未建立出任何內容，網站看起來就會變得空洞。

社群媒體內容

「社群媒體內容」指的是內容取自社群管道。包括部落格、微網誌、社群網路網站、論壇網站，甚至一切虛擬世界的內容。客戶通常會想要鑽進社群的內容，因為這是大勢所趨。不過若他們真的使用社群媒體內容的話，就要認真面對。例如不能純粹用來行銷，而且需要花大量的時間來維護這些內容，並產生新的內容，以便讓使用者能持續造訪。

法律內容

隱私政策、條款和條件並不會自動生出來。例如若客戶要舉辦比賽，便需要規則、法條與其他法律文件。多數客戶會提供任何必要的法律文件，但若您是建立自己產品或體驗的設計師，可能就需咨詢律師。

流程

若您正在重新設計現存的網站或應用程式時，完成「內容審核」便是回答所有問題的第一個步驟。「內容審核」指的是分析網站裡的所有內容，通常會用試算表形式的表格，將內容以類型、格式、大小、網站裡的位置與原點，來分類這些內容，並提供對這些內容的品質分析。不過您要如何決定品質呢？請試問自己以下的問題：這些內容看起來可靠嗎？使用者會閱讀、觀看或分享這些內容嗎？這些內容真的是網站相關，或只是出錢的客戶認為擺在那邊很重要呢？

內容審核的過程可能很乏味，畢竟您必須將很多資訊加以分類，因此這絕對是一件大工程！先去泡杯咖啡，然後坐下來，以高品質的要求進行審核工作，慢工出細活。

開發過程裡的另一個重要步驟，便是要請教客戶對於這些內容的意見。這點可以透過訪問客戶負責人，團體腦力激盪會議或問卷來進行。從公司裡的不同人來獲得較為綜合的觀點。請教他們：請問他們覺得內容適合自己的業務目標嗎？他們覺得內容有用或愉悅嗎？有沒有漏掉什麼，必須加以補充的？

最後，使用者覺得這樣的內容如何呢？有些方法可以用來觀察網站內容，協助做出抉擇。例如使用者有分享這些內容或加上評價嗎？他們會就內容留言或討論嗎？若網站有UGC工具的話，使用者常去使用嗎？若使用者不常使用這些工具的話，可能是工具本身難用，或是他們不喜歡網站所提供的素材。最後，請直接詢問使用者：「他們覺得這些內容有用或可靠嗎？」建立問卷或投票，並詢問使用者的想法，畢竟，這些內容是為使用者而製作的。

1. 分析與計劃

一旦您在目前內容方面跨出步伐，並從客戶與使用者收集回饋意見之後，便要開始消化這些資訊。請與客戶一起逐步討論這些內容的審核，並決定是否要留下、更新或完全移除這些內容。還要決定它們是否仍然適合，這些內容只要照上，或是否有些已經過期了？這些內容還與品牌相符，並象徵同樣的意義嗎？客戶之前已經花錢花時間在這些內容上，因此他們有可能會抗拒編輯或移除內容。此時對客戶強調「質重於量」是相當重要的。

在您的分析當中應該也要加入對於競爭者內容的評估：哪些內容是他們有的而我們也正在做的？他們缺少什麼內容？如我們在前面的章節所提到的，尋找機會區域，現在就是進行推薦的時候了。在本書前面我們談過目標、使用者與成功條件等。內容需要遵從（或有時是重新遵從）專案目標與需求，也要符合使用者的渴望與需求。

我們對這些資訊所進行的工作，帶有不同的技術層面。首先是跟內容管理系統（CMS）有關，您可以把CMS想像成是用來為客戶維護網站或App所設的「網站」。這些內容是可以被編輯的，或是動態更新的？源自您所作內容審核的建議，可能會影響到CMS的重新設計，或是在原先沒有的情況下，必須建立新的CMS。

傳統內容也會受到影響。傳統內容要移植到新網站有兩種方式：透過程式碼或手動搬移。重新手動輸入這些傳統內容相當花費時間，不過可以同時透過多人來檢視每頁的內容，比較能確定頁面的正確性。利用資料庫搬移內容的方式可能會比較有效率，當然花的時間也會比較少，不過重新安排後的內容就不一定會很正確地呈現，讓程式碼來幫你搬家，總是少了一份確定性。

現在我們已經知道了搬移與產生內容需要做哪些事，接下來就要擬定計劃。製作時間軸與進度表，以及建議各類型內容的負責工作人員。若客戶公司裡沒有可以對應負責的人手（或是由您負責，但您的公司也沒有這樣的人時），可能就要外聘或外發工作，若要保留任何傳統內容的話，也要擬好搬移內容的計劃。

當您在設計某種體驗時，請確定網站上各種不同內容區塊的字數限制，因為我們必須確保文字塊不會太短或過長。如果說數位體驗是一種生物，新的內容就像是它的食物，也因此您還需要一個「編輯行事曆」，來決定如何分配接下來幾個月所需產出的新內容。

最後，您還需要搜尋引擎優化（SEO）策略。我們會在本書第十二章再加以詳談，因此現在只要先記得：要讓搜尋引擎可以搜尋到，並將您的內容加入索引，因此您的內容安排必須適合搜尋引擎的作業方式。

2. 建立、收集與校訂

接著便要將您的計劃付諸執行，若要建立新的寫作內容，作者就要開始撰寫文章了。同時也要提醒插畫師、設計師、視訊師與攝影師開始作業，這些管理過程通常會很複雜。內容產生的過程經常需要經過多次的校訂，並會得到許多來自客戶的指示。而且從審稿與教育顧問到編輯與法律團隊，都要同意過才行。也別忘記您的SEO（搜尋引擎優化）專家，因為這些內容都要在搜尋引擎優化的規範下建立才行。

若有傳統內容的話，請開始著手收集內容。您的內容審核應該已經標記好要搬移的內容。留下的文字必須經過校訂，以便符合新的網頁版型。圖片也必須重新調整大小，如果檔案太小不能放大的話，就必須找到可用的較大圖片。若網站有視訊內容，但您已經更換了支援大尺寸觀賞體驗的播放器的話，此時恐怕就要重新輸出該視訊了。

不論新舊內容，請同時注意所有內容的基調一致，品牌需要始終統一的語氣、形象。

3. 整合與精煉

整合內容便是好戲登場了。看到自己的網站或App，因為真實的內容而開始有了生命，是相當棒的事。不過，您可能還需要將內容精煉一下，讓它們變得更正確。若是正在從另一個網站打包現有資料的話，這個過程還算順利嗎？使用者個人檔案搬移的過程正確嗎？之前的遊戲與應用程式，都能跟新的註冊與登入系統完美結合嗎？一些小問題可能都會陸續浮現。一切應該都還算不錯，除了您的計劃遇上一些小問題，必須花點時間與資源來解決他們而已。此刻，您的內容應該已經大致備妥，可以發佈了。

4. 維護與校訂

在網站設計好、建立並推出後，其成功與否的關鍵便在於內容的品質。使用者回訪，花更多的時間在這裡，網站經常更新、傳遞趣味、有用的訊息，讓使用者覺得根本就是為自己量身訂做的網站。我們該如何增加這樣的可能性呢？注意內容策略與編輯行事曆吧，嚴格遵守可確保持續建立與傳遞新的內容，但總是必須找到方法來改良與更新內容吧。編輯行事曆看起來野心太大了嗎？工作流程可以順暢化嗎？或許有其他的內容類型值得探索，因為使用者們看來也覺得很有興趣？您的使用者如何使用其他不同器材裝置來體驗這些內容？這些內容需要稍加修改嗎？

接下來就來探討針對不同裝置進行最恰當的設計。

這不只是一場婚禮，這是婚姻！

—— Kristin Ellington撰文

Funny Garbage公司營運長與執行製作

每個人都會高度關注「重要的」日子，真的，不必懷疑。花了這些時間、金錢、心力的目的，就是為了要走到這一天。壓力、爭吵、焦慮、扯頭髮、消瘦等，都是經常發生的事。這些戲劇化的過程都是為了創造完美的時刻，讓整體呈現出最美好的一面！接著翌日清晨同樣受到這些事實的打擊，然後您想起來了，這才經過了第一天而已。

當然現在的結婚過程跟推出網站，可能是不盡相同的事，那為什麼我要將兩者放在一起談？那是因為兩者都是很確定、公開的承諾，將那些新創事物進行栽培、滋養與成長。而計劃婚禮跟推出網站也都是很「麻煩」的事，同時更重要的是，您還得讓這件事變得新鮮有趣。跟推出新書或電影不同的是，書跟電影都屬於完整的陳述、緊密包裹住的既成事實，但推出網站則像是繼續對未來的承諾，您所做的內容決策，都將成為使用者決定自己何時回來再度造訪的期望，以及一旦他們到訪時，對於網站的期望內容。

要特別注意的事：

免費內容——生活基本法則：付出多少便收獲多少。許多網站都規劃讓眾多有出色才華與動機的使用者來產生內容。UGC相當不錯，不過您仍然需要給予使用者有首次造訪的原因，甚至再度持續造訪的理由。Facebook達成此項因素的方式是利用持續更新的功能，其他網站則可能是提供獨特的新內容，來作為基本的UGC內容。請記住「內容」，尤其是「好的內容」，並不會自己無中生有。

霸道的審核過程——許多人會掉進「貪心不足蛇吞象」的陷阱，或更特別的，他們會想要「包山包海」，不過最後通常並無法把所有東西都包進去發佈。請了解您的團隊以及執行主管們，要務實地決定要花費多少與多久一次，來發佈這些高品質的內容。

依賴特定才能——若您倚靠特定人士的才能來建立您的網站內容時，請確定這個人不會走掉。替網站內容樹立風格與品牌守則時，能讓多個人跟進，會是比較安全可靠的計劃。使用這樣萬中取一的人來替您建立品牌辨識度，或是使用較保險的萬年不變內容，可以讓網站風格比較一致，且較不需要經常更新。

「內容優先於設計，內容貧乏的設計稱不上設計，
　那不過是裝飾。」

—— 引述自Jeffrey Zeldman

　　Happy Cog工作室負責人與執行創意總監

"Content precedes design.

Design in the absence of

content is not design,

it's decoration."

Jeffrey Zeldman, founder and executive
creative director, Happy Cog Studios

替恰當的裝置進行設計

設計過程裡的下一個步驟便是要決定：到底是為何種裝置而設計？

在早期的互動設計裡，多數的UX專案設計師都是為「電腦」用途設計。也就是您知道使用者是乖乖坐在電腦螢幕前，手邊是鍵盤與滑鼠。而且有許多已經建立好的介面元素（稱作介面模式），讓設計師得以將標準化功能呈現給使用者。這些介面模式多半取材自真實世界，例如按鈕，就如同對應到真實世界，可以觸發功能。標籤，就像筆記本旁邊的分類標籤，可以用來管理訊息。

更重要的，UX設計師了解使用者將在何時以及如何，與我們所設計的軟體互動。您知道他們會坐下來，專心盯著出現在他們眼前的東西。也就是我們可以期待相當程度的約定與專注。我們知道他們會如何選擇某項功能（透過點擊滑鼠鍵）、輸入資料（在鍵盤上打字）。

有了這些資訊，互動設計師便可建立許多假設狀況，包括使用者是誰、他們會如何與我們所設計的產品產生關聯，還有他們將如何與之互動。舉例來說，我們可以假設使用者是技術好手、已經知道如何使用電腦、也會使用我們設計的軟體來完成某項特定任務、並且是使用鍵盤與滑鼠來和軟體互動。當然也會有些例外的情形，例如博物館的觸控查詢機、提款機以及早期的互動電視介面等，不過大部分的情況下，都可以依賴這些假設，協助我們進行設計決策。

🔍 Forbes

Forbes（富比士）雜誌是金融與商業新聞的領導資訊源頭，他們跟Gesture Theory合作設計一款名為「Forbes Photos & Videos」的iPad App。此App並未包含Forbes.com網站的所有內容。相反地，如同App名稱所示，它只呈現該網站最新的照片與影片。

文接98頁 ⏎

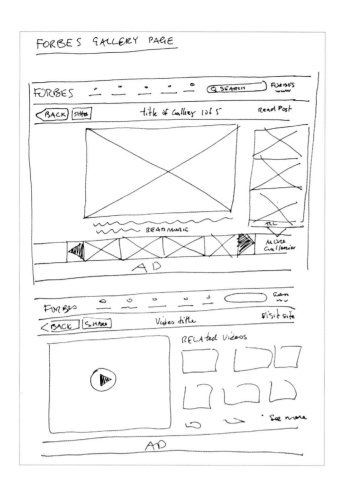

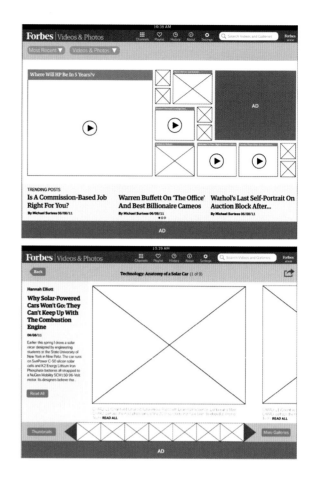

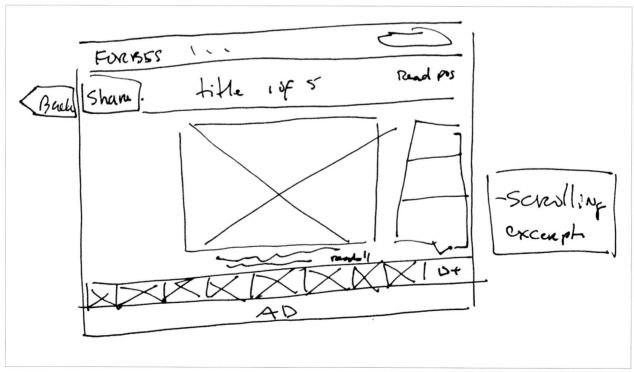

初期線稿與線框圖，探索使用者如何在這些圖片集之間翻閱瀏覽

「Forbes Photos & Videos」App在螢幕上呈現圖片的樣式

↳ 續接96頁

此App呈現了素材的靈活運用，富比士可藉此App將數位出版平台的現有內容分析選出，重新用來為使用者建立「新聞焦點」體驗。而且它也善用了iPad的功能，滑移與點擊圖片的方式，可以讓使用者以輕鬆的方式在這些圖片集間瀏覽，而不必屈就在電腦前觀看。這種利用大而精美的觸控螢幕，加上觀看姿勢不受限制的優點，讓「Forbes Photos & Videos」App，成為「品牌」將自己的多媒體素材，運用到特定裝置的絕佳範例。

案例研究－Forbes Photos & Videos App
設計者－Gesture Theory公司
所在地－紐約，紐約州

替恰當的裝置進行設計
PAGE | 99

現今的使用者經驗設計師們，已經不能再倚靠這些假設。互動設計的世界已經徹底改變了，無法再假設使用者會坐在一個安靜房間的螢幕前，用滑鼠點擊，用鍵盤輸入，完全專注於我們所設計的產品。

今日的軟體，會在不同種類的螢幕上執行，使用地點也不盡相同。這些螢幕可能會在口袋、背包或手提包裡、電視組、或嵌在椅背、設備上，甚至出現在公共場合如機場或大馬路上。使用者會在開車、搭飛機、走在擁擠街上、坐在沙發上、在跑步機上，以及在其他數不清的地方來使用您的設計。

使用者與軟體的互動方式也大不相同，例如使用手指觸控、語音指令、遙控、小鍵盤、搖一搖裝置、眼球動作，當然，還有滑鼠與鍵盤。

由於我們所需配合設計的裝置越來越複雜，所以會知道更多使用者未曾主動告訴我們的訊息，例如GPS可以告知使用者目前所在的位置，內建感應器可以得知他們正如何持握手機或平板電腦，透過相機也可以追蹤他們的動作或表情。

您是否注意過朋友的e-mail簽名檔後面會有類似「從我的iPhone傳送，如有錯字、請多包涵」的語句？因為朋友想讓您知道並不是他笨，而是因為所使用的裝置比較難打字。了解您的設計所將使用的平台，不論是智慧型手機、平板電腦、電子書閱讀器、互動電視、電子佈告欄或電腦，也不論使用的環境如何（走動中、坐著，或是一群人聚著…等），對做出好的設計決策來說，都是相當重要的。

TIP　當使用者從一種裝置轉移到另一種裝置使用時，請別想要模擬相同的體驗方式。建立裝置專屬的新體驗方式，或是將現有的體驗方式加強，會是較佳的做法。

"A great experience has a clear goal. Different devices prompt different design decisions to accomplish it, but the goal should always remain consistent."

Jason Kopec, design lead, Tag Creative

「好的體驗具有清楚的目標，不同裝置會激發不同的設計決策來完成產品，但整體目標則應保持一致。」

—— 引述自Jason Kopec

Tag Creative公司設計主管

PRICE $4.99

SEPT. 21, 2009

THE NEW YORKER

發揮裝置的極限

Jorge Colombo從2009年開始就已經使用名為Brushes的App，在iPhone上繪製精美的圖畫。他的畫作都是即時繪製，沒有使用照片或素描打底。而他幫紐約客雜誌在2009年6月1日所繪製的封面，也讓他成為第一個使用iPhone為主流雜誌繪製封面的藝術家。口袋大小的便攜性，加上反應式的觸控螢幕，讓Colombo得以在2x3吋（5 x 7.6 cm）的尺寸限制，且只有三種筆刷大小、也沒有圖層可用的狀況下完成作品。

Colombo已經升級了他的Brushes App，現在多了圖層功能可以使用，筆刷大小也比較能夠控制，因此作畫也變得容易一些。有時他也會在iPad上繪製，但這種體驗是不一樣的。就像使用較大的畫布一樣，比較寬的螢幕算是很不錯的升級感受，不過既然他是隨時隨地靜悄悄的作畫，較小、較輕的iPhone仍然是他較為愛用的裝置。

紐約客雜誌封面插畫

以下引述自《New York: Finger Paintings by Jorge Colombo》，Jorge Colombo著，Chronicle Books 出版，2011年。

「技術上的突破在一開始的時候很讓人興奮、但接下來就像是個附註一樣。有些最早做出來的事，並不表示就是會持續下去的事。我們並不關心誰最早開始使用壓克力顏料或攝影機，相同的現象也同樣發生在iPhone、iPad或其他後繼者身上，因為這就是多一種「工具」而已。它並不會阻擋後續的工具出現：就像傳統吉他並未因電吉他的出現而消失，只是我們所用的工具增加了。在1910年代拍攝黑白影片是唯一的選項，而現在拍黑白影片則是選項之一，他們的含義是不同的。」

「在iPhone／iPad觸控螢幕出現之前，數位繪圖比較像是閉門造車的工作，在公園長椅上，即使是用筆電也顯得侷促，更別提您還要外接一塊繪圖板。而iPhone與Brushes的結合，就好像早期攝影師手上的萊卡相機與35mm底片一樣。拖著高階、大台的裝置到定點，依舊是您的選項之一，不過裝置如口袋般大小的迷人之處是很難被打敗的。電腦觸控螢幕似乎是不可避免的發展趨勢，因為它像是未來的標準以及普遍的藝術製作工具。對我來說，其他的外接設備，如鍵盤、滑鼠、繪圖板與繪圖筆，相比之下都更顯突兀，就像義肢一樣。」

更多Colombo的作品請至
www.jorgecolombo.com觀看

您將為何種裝置設計？

UX設計師們早期的許多設計都是一些工具，也就是需要經過練習才能使用的工具，例如文字處理或試算表類的應用程式，用在特定、跟工作相關的作業上，而且多半是在桌上型電腦完成的。隨著網際網路的出現，這些桌上型電腦被用來消費內容，例如搜尋資料或娛樂，UX設計師們的工作變成設計「介面」，以便讓電腦更容易搜尋，更容易消費這些內容。手持上網裝置與智慧型手機的出現，重新改變了互動設計的樣貌。再次地，UX設計師們又要開始設計工具了，不過這次的工具不再與工作相關，也不再是設計給那些已經受過使用軟體訓練的人。現在也已經可以設計給許多不同的平台使用，所以，您要決定設計給哪一種平台使用呢？

> **TIP** 這些新裝置有改善失能者生活的潛力，舉例來說，像iPad這樣的平板電腦，可以讓自閉症的人有溝通與表達自己的機會。

用戶需求與他們所使用的地點，以及如何使用，將會決定您所要設計的裝置類型。

若用戶想找地方吃飯，或馬上在附近看電影時，您便可能替具地點感知功能的行動裝置進行設計。若用戶是在飛機上想要閱讀、看電影或聽音樂的話，您便可能為平板或電子書閱讀器進行設計。若用戶想要跟朋友與家庭聯絡，您便可能為多種平台進行設計，例如先為電腦設計，然後將程式轉譯為行動裝置的體驗。

「想要建立自然又直覺的產品，便需了解產品的使用
　環境。在客廳顯得自然的物品，與放在辦公室或公
　共場合不顯突兀的物品，是不一樣的。」

—— 引述自Jennifer L. Bove

　　Kicker Studio共同創辦人與負責人

"To create a product that feels natural and intuitive, you need to understand the context in which it's being used. What feels natural in a living room is different from in an office or at a public event."

Jennifer L. Bove,
cofounder and principal, Kicker Studio

該為何種裝置進行設計

此份由Kim Bartkowski製作的速查表單，可協助您為即將設計的數位體驗，選擇合適的裝置與設計方案。

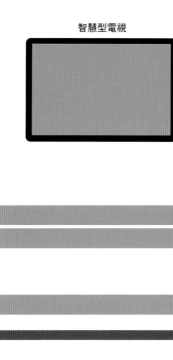

	智慧型電視	桌上型電腦
使用者經驗		
功能性		▓
資訊性	▓	▓
娛樂性	▓	▓
可攜式		
建立內容		▓
24小時無休	▓	
工具組		
社群	▓	▓
加速		
圖像識別		▓
GPS	▓	▓
錄影		▓
相機		▓
開放API		▓
尋址	▓	▓
條碼掃描器簡訊		
語音識別		
APP		▓
觸控螢幕		▓
擴增實境		▓
近距離無線通訊		

	智慧型電視	桌上型電腦
內容程度 讓周邊符合內容條件	• 影片 • 視訊遊戲 • 相片 • 直播事件 • 輕度網路流覽	• 短片與電影 • 內容分流器 • 零售和電子商務商店 • 收集資訊 • 平台級開發 • 重度製作與創作能力
設計優點 訊息呈現與設計原理	• 劇院顯示模式 • 外接控制器 　（遙控、紅外線、遊戲控制器）	• 複雜介面 • 分類設計 • 瀏覽數以百計的項目 • 外接控制器（滑鼠、鍵盤）

開始定義使用者經驗時，通常會落在三個方面：功能性、資訊性與娛樂性。一旦界定好哪個方面後，便需決定這項體驗是否需要用戶輸入資料（建立）、需要帶著走（攜帶）或需要不停持續該體驗（一天24小時不間斷）。

筆記型電腦 　　平板電腦 　　智慧型手機

筆記型電腦	平板電腦	智慧型手機
• 短片與電影	• 位置內容　• 衝動購物	• 地理位置內容　• 視訊影片
• 內容分流器	• 影片　• 輕度創作能力	• 24小時無休媒 　• 音樂
• 零售和電子商務商店	• APP	介　• 衝動購物
• 收集資訊	• 遊戲	• 動態訂閱　• 輕度創作能力
• 靈活的平台開發	• 閱讀	• 每日多重任務
• 輕度製作與創作能力	• 娛樂	檢查
	• 網路瀏覽	• 事務管理
		• 網路瀏覽

筆記型電腦	平板電腦	智慧型手機
• 複雜介面	• 以手操控內容	• 以手指操控內容
• 分類設計	• 劇場模式體驗	• 設計必須簡單、直覺
• 瀏覽數以百計的項目	• 回歸印刷美學、字體與版面	• 簡明的設計＝快速獲取資訊
• 內建控制器（滑鼠、鍵盤）	編排	

這些工具組是用來幫您分類、整理最合適的裝置與技術，以找出最符合現實生活使用者經驗的方法。

每項裝置所呈現與執行的內容並不相同，每位用戶所使用的內容，也會因他們所使用裝置的體驗而有所不同。這張表格是依據每種裝置與不同的內容強度而整理。

某些裝置提供不同的設計優點，讓設計師可以加強其設計體驗，例如高解析度螢幕、優良的觸控與快速的運算能力等。

snowbird ²·⁰

Snowbird滑雪場與避暑勝地App設計

🔍 Snowbird

Welikesmall公司幫Snowbird Ski（雪鳥滑雪場）與Summer Resort（避暑勝地），開發一款針對一般遊客與現場遊客計畫行程所用的行動裝置App。此App並非想要做為景點手冊之用，而是要留住常客在此景點「瞭解一切」。它提供了即時資訊，包括下雪、雪深、即時天氣以及關於滑雪纜車或雪徑封閉的訊息。也提供了雪徑地圖、即時路況，以及從目前所在位置如何前往的導引。

用戶在何時與何地會與此App互動，對設計決策產生極大的影響。簡化是相當重要的，因為許多用戶正在前往景點的路上，或是已在當地。較大而方便使用的按鈕、清楚的導引，可讓訊息容易執行，並可確保用戶的連結、獲知訊息，以及安全的使用，您可在iTunes商店找到Snowbird App。

案例研究－Snowbird App
設計者－Welikesmall公司
所在地－鹽湖城，猶他州

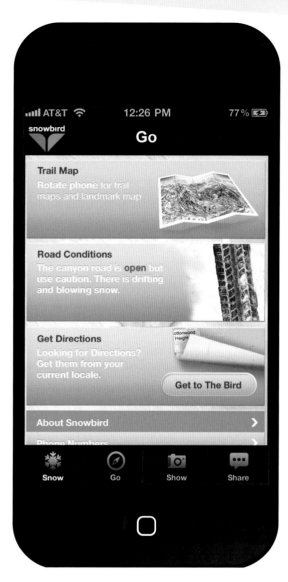

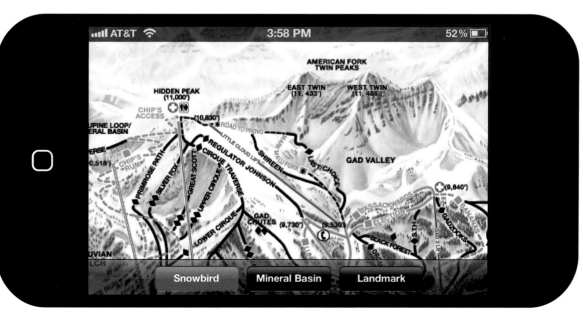

行動裝置優先

設計師經常會被要求先設計網站，然後再將網頁轉成較簡單的行動版網頁，這種做法會多出一堆麻煩。因為要留下哪些內容給行動版呢？將正常版的內容轉換到較小螢幕上的呈現會是如何？文案需要重寫嗎？圖片要改尺寸嗎？

比較新的設計概念是「先設計行動版」，然後加上複雜度、功能性或更多細節，成為一般的正常網頁版本。現在行動裝置越來越普遍，減少了電腦的使用率，在世界各地有越來越多的人較常使用行動裝置上網，而非桌上型電腦或筆記型電腦，而這種「先設計行動版」的方式，也變為更成功的設計策略。

了解裝置

一旦您已決定將為什麼裝置進行設計後，最重要的便是考慮使用者如何與該裝置進行互動。他們會怎樣瀏覽與輸入資訊，螢幕有多大、可以呈現多少資料而能夠被清楚閱讀。使用者在大約17吋的螢幕上以滑鼠移動游標，比起在3x5吋（7.6x12.7cm）的螢幕上用手指點擊，不但可以獲取較多數量的資訊，也能點擊較小的按鍵或連結。而容易使用鍵盤輸入的資料，在使用遙控器或電話按鍵輸入時，也會變得比較困難。

一旦您已決定為什麼裝置設計的話，繼續多做點額外的使用者研究，會是不錯的決定。請仔細觀察用戶如何使用這些裝置，他們是如何搜尋到想要的東西？什麼情況會讓他們受挫？他們最常在哪些地方使用此裝置？什麼情況下會讓他們停止正在進行的動作？如何可以讓他們的體驗過程變得更好？

"Brevity. Simplicity. Do one thing and do it well. Thinking mobile first is about all three of these. It's relevant information when you want it, and designers have the opportunity to curate a unique experience for products, brands, and services. Force yourself to focus."

Kim Bartkowski,
creative director

「 簡明、扼要、只做一件事且做到好。先考慮行動裝置,就是要同時思考這三件事。當您想要的時候,這些就是相關的訊息,設計師也有機會為產品、品牌與服務來策劃一項獨特的體驗。記得要強迫自己專注!」

—— 引述自Kim Bartkowski
創意總監

8 引導、激勵與吸引使用者

每天都有越來越多具有介面的裝置問世,使用者會用它們完成許多事項,並得到想要的東西。要做飯的時候,他們會用來找食譜網站,從印表機列印食材清單,然後到提款機領錢,再到超市買材料,然後在自動收銀機處付錢,接著觀看烹飪技巧的影片,並在烤箱輸入時間與溫度等。這些裝置都具有與使用者互動的介面。越容易使用的介面,越會讓人感覺不到它的存在。讓用戶立刻完成任務,而不必花費時間思考作法,否則用戶可能就會發狂、混淆,並且覺得您是在刻意阻礙他們的努力。

當這些介面到處出現且種類繁多時,用戶需要立刻從一種介面切換到另一種介面來完成任務,因此具備引導、激勵與吸引這些使用者的能力,就變成優良介面設計的主要目標了。

🔍 Signature劇場

由知名建築師Frank Gehry所設計的紐約Signature中心,即將成為國家級的優質文化空間。此項劇場「陳列空間」的設計概念,新奇地結合了劇作家介紹,並且獲得LEED建築金獎,這是由美國綠建築協會所制定的綠建築評價標準系統下,所能獲得的最高評價。然而此建築之所以特別的原因,在於該建築空間鼓勵大眾與劇場專家們的互動。藝術家、觀眾與行政人員,都被鼓勵在共同空間裡彼此「碰撞」。此外,小而具彈性特點的劇場,也允許了異常親近的觀劇體驗。

文接116頁 ⌐

引導使用者

在應用程式裡瀏覽的感覺，跟在公園或建築等實體空間的閒逛，是很類似的體驗。應用程式裡有多個「空間」（在UX設計裡，我們稱之為頁面或模式），包含特定訊息或功能；也有許多不同的「路徑」（按鈕、連結或搜尋框），讓用戶可以走去瀏覽這些空間，當然也可能讓使用者「迷路」。

用戶必須了解他們現在正位於應用程式的何處，他們從哪兒來，可以到哪裡去，如何回到一開始的地方等等。好的介面設計就像優良的機場標誌一樣，提供使用者路牌與標誌，幫助他們了解自己位在何處，提供他們足夠的訊息，以便得知連結或按鈕會帶他們到何處，並提供他們簡單的方法，可以在走錯路的時候回到原點。

好的介面設計也會考慮到不同的用戶會走不同的路徑，並且提供不同的策略，讓他們都能到想去的地方。而某些用戶會在走到想去的地方之前，像逛櫥窗一樣的散步，瀏覽所有可看的內容；其他用戶可能是知道他們想去哪裡，便立刻前往，利用搜尋框或甚至輸入網址，直接轉往特定的頁面。還有一些用戶是直接從Google的搜尋結果連過來特定頁面，就像變魔術一樣的出現在網站裡的某一處。

不論來自何處或如何在網站裡瀏覽，這些使用者都會想知道他們現在位於何處，在這裡可以找到什麼，還有哪些東西可看，以及要如何回到原來的地方。

⌐ 文接114頁

Pop是一家位於西雅圖的行銷代理商，他們跟該中心合作生產互動觸控螢幕與幾款非觸控式數位板，讓觀眾可以有不同層面的感受。

許多觸控螢幕可以讓用戶更進一步了解戲劇、劇作家或劇場的相關內容，還包含了其他地方找不到的特別評論。

其他觸控螢幕則鼓勵社群的互動，連結劇場與網路的常客。它們會提出問題，如：「為何您今天會來Signature劇場？」並且會鼓勵用戶們將指定的主題標籤發佈到Twitter上，或是在觸控螢幕上互動。這兩種

Signature劇場觸控螢幕設計

方式都可提供該空間裡的熟客們，輕鬆地藉由評論與回應來彼此互動。

劇場空間裡的這些非互動螢幕，則提供指引與促銷訊息。也會呈現與劇場空間有關的社群媒體，包括Facebook內容與Foursquare地標的打卡訊息。

多樣化的觸控螢幕與非互動展示內容，或許並非使用者造訪Signature劇場中心的原因，不過它們為已有相當豐富體驗的觀眾們，提供了另一層面的感受，並鼓勵常客多回來光顧。

案例研究－Signature劇場數位螢幕（signaturetheatre.org）
設計者－Pop公司
所在地－西雅圖，華盛頓州

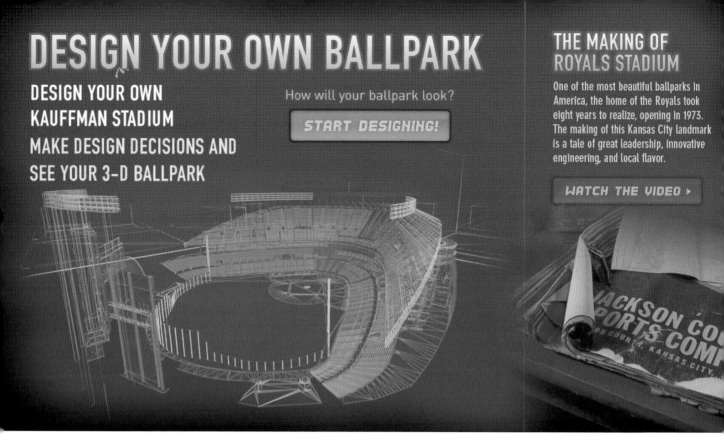

DESIGN YOUR OWN BALLPARK

DESIGN YOUR OWN
KAUFFMAN STADIUM
MAKE DESIGN DECISIONS AND
SEE YOUR 3-D BALLPARK

How will your ballpark look?

START DESIGNING!

THE MAKING OF ROYALS STADIUM

One of the most beautiful ballparks in America, the home of the Royals took eight years to realize, opening in 1973. The making of this Kansas City landmark is a tale of great leadership, innovative engineering, and local flavor.

WATCH THE VIDEO ▶

🔍 設計自己的棒球場

您是否曾想過如果可以設計一個自己的棒球場，會是什麼樣子？

來到密蘇里州堪薩斯市Kauffman Stadium球場（堪薩斯皇家棒球隊主場）的球迷，可以做到這一點。這是由Second Story團隊所設計的雙螢幕互動體驗，讓棒球迷們變身成為球場的建築師，可以用即時3D的方式，設計並修改自己的棒球場。

由於這項體驗是專為球場而非家用電腦所設計，因此期待的互動時間是很短的。產品必須夠「深度」以讓使用者知道棒球場的設計過程，卻也必須夠「簡單與迷人」，以便讓使用者覺得有趣，且能順利完成。為達到這種效果，球迷被透過幾個小步驟來導引，每項決定都會產生即時的回應，讓使用者很快就能看到這些決定所代表的結果。

外野圍牆的距離如何影響球場的座位容量？如同以往，設計決策總是來自於妥協。收入、進場人數、全壘打率，都只是影響球場外型的幾項因素。經過整個設計過程後，使用者會得到一些文字補充說明與真實世界的實例照片，提供更多細節與觀點，以瞭解球場建築師們所面對的各項挑戰。

當球迷對自己的建築成果感到開心時，還可以將結果透過e-mail寄給自己的朋友，炫耀一番。

案例研究－設計自己的棒球場
設計者－Second Story互動工作室
所在地－波特蘭，奧勒岡州

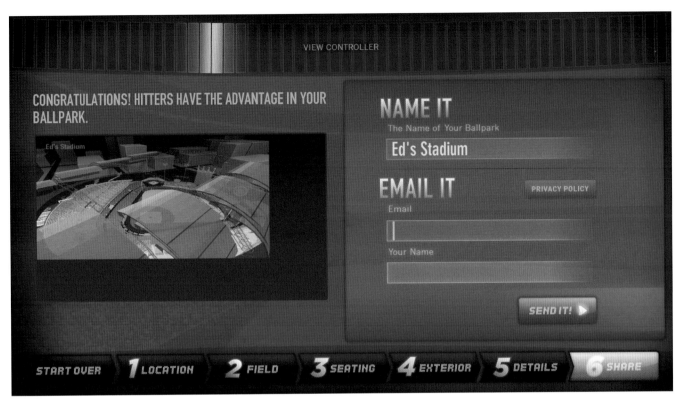

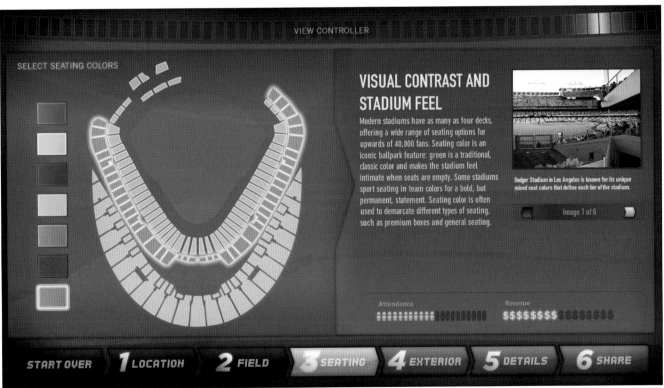

「設計自己的棒球場」觸控螢幕設計

Burn Calories, Not Electricity

Take the Stairs!

Walking up the stairs just 2 minutes a day helps prevent weight gain. It also helps the environment.

Learn more at www.nyc.gov or call 311.
Made possible by funding from the Department of Health and Human Services.

Michael R. Bloomberg
Mayor

替使用者的需求設計—而非他們的渴望：
鼓勵大家爬樓梯

2010年時，紐約市推出一份《活動設計指南》，鼓勵在設計中加入運動與健康的元素，並提供一系列「實證」策略，以便在紐約與其周邊，建立較健康的建築、街道與都市空間。建築師們、都會設計師與地產專家可融入這些策略到自己的專案中，以鼓勵使用者做出更健康的決定。藉由這種提高每天運動的機會，以及逐漸增加的健康食物與飲料，這些策略最後就會扮演打擊「現代大眾健康傳染病（包括肥胖與相關的慢性疾病，例如糖尿病，心臟病，中風和癌症）」的主角。

結合規律運動到日常生活中的一個例子，便是在設計建築時，以一種鼓勵正常人「多使用樓梯」的態度，減少電梯與手扶梯的使用。活動的設計指導提供了一些「促進建築物使用者的樓梯使用率」策略：

在入口處就要讓樓梯容易找到、看到，可直接爬樓梯，並能沿著建築主要路徑的動線行進。

設計出能讓感官愉悅的樓梯環境，結合有趣的視野、自然光線、藝術品或音樂、自然通風，明亮，溫馨的顏色。

在電梯與手扶梯處放置標語，鼓勵為健康與其他益點而走樓梯。

對一般可以正常爬樓梯的人來說，請讓電梯設計成比起樓梯不起眼，但仍要為殘疾人士提供電梯。

請考慮設計適合建築類型的「某些樓層不停」的電梯，這種「隔樓層停靠」的電梯只在某些樓層停靠，因此可以鼓勵行動方便的住戶，從鄰近樓層下電梯，再爬樓梯到不停靠的樓層。

要了解多或下載此《活動設計指南》的話，請至 www.nyc.gov/adg網站查詢。

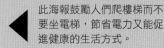

此海報鼓勵人們爬樓梯而不要坐電梯，節省電力又能促進健康的生活方式。

何謂「遊戲化（Gamification）」？

「遊戲化」是指將遊戲動態或遊戲機制，整合到任何非遊戲的體驗、應用程式或網站中。用戶完成任務後，會有分數獎勵、成就或徽章。有些應用程式可以使用等級來建立一種「階段感」。領先者排行榜顯示哪個用戶使用該程式最久，用戶也會被賦予如市長或公爵的頭銜。這是一種讓應用程式變得更吸引人，增加使用者動機，以及建立消費忠誠度的好辦法。

「遊戲化」毫無疑問地可以獲得較為成功的結果。一個比較成功的例子，就是美國航空在1981年所建立的飛行常客計劃，而許多其他的「忠實客戶回饋專案」也從那個時候開始發展，並且證明為相當成功的遊戲化商業模式。

然而「遊戲化」並不是靈丹妙藥，並非所有體驗都可以從徽章、分數、頭銜中獲益。例如某應用程式是使用者處於壓力或焦慮時刻、或使用屬於私密或個人的資料，也就是比較「無趣」的用途上時。客戶通常會認為把他們將提供的體驗或產品加以遊戲化，就可以保證成功。事實上，這樣做會削弱品牌價值，並且在無法提供實用價值時，疏離使用者。而且在維護這些使用者所期待的虛擬獎勵與成就上，也是相當花錢花時間的。跟客戶一起工作是相當重要的，請了解他們的動機與優先選項，然後決定將他們的產品遊戲化，是否真的符合客戶的短期與長期目標。

要了解更多相關內容，請造訪www.gamification.org網站。

激勵使用者

使用者通常需要受到激勵，來使用您的設計。若某個應用程或網站符合特定使用者的需求，而不符合其他選項時，這樣當然就不太需要激勵他們，不過這樣的情況比較少有。舉例來說，若使用者想要找家好餐廳，他們可能有多種選擇，從行動裝置App、網站、書籍、朋友等處均可獲得。由於使用者的選項越來越多，因此激勵他們或導引他們，是相當重要的。

他們為什麼要選擇您的應用程式？他們為何放棄使用您的應用程式？您如何激勵他們使用您所設計的應用程式？

我們可以由多個方向來激勵使用者：透過獎勵、透過清楚了解此應用程式提供給他們什麼東西、以及透過最快最好的方式來提供他們所需的東西等。也可讓他們連結到朋友或家庭成員來炫耀或分享，以激勵他們。

吸引使用者

您已激勵使用者來使用您的App，而且把在體驗中導引他們的工作做得很好。那麼到底要如何鼓勵他們持續回訪呢？要如何讓他們在您的App裡花更多時間呢？「吸引使用者」是相當重要的，它可以建立忠誠度，並增加他們在您設計的體驗裡所花費的時間。

使用者可以透過娛樂的方式受到吸引。使用者跟您的設計互動時，得到越多樂趣，就越受到吸引，而且也越可能再度造訪。

當然有趣與愉悅是主觀的，還有許多種方法，可以讓您在App中加入樂趣，例如結合驚喜或幽默。在應用程式中也可以將玩遊戲整合進去，讓平凡無奇的事（例如填寫表格）變得較為有趣，好的設計本身可能就能令人感到愉悅。

決定將何種樂趣整合進應用程式裡，本身就是一項挑戰。幽默型在某些應用程式可得到效果，但在其他應用程式則否。玩遊戲或許頗具趣味，但也可能讓體驗過程分心。了解誰是您的使用者，以及他們感到樂趣的方式，是取決如何吸引他們的重要線索。

建立網站地圖、
線框圖與原型

專案到了這個階段,您已經具備了大量的有用資訊與理解能力,也開始熟悉自己的團隊,了解客戶的業務目標、顧客的需求與渴望,也了解競爭者如何迎合使用者的渴望與需求,以及您的設計所將傳達給用戶的內容。您已決定設計要用的裝置或平台,也清楚了如何導引、激勵與吸引您的使用者。

了解這麼多設計上的挑戰之後,該開始來設計這項「使用者經驗」了。

您必須跟客戶與工作團隊進行大量溝通,內容包括訊息架構或應用程式結構,以及要傳達的內容、讓使用者執行的功能、他們將如何使用這些功能、網站裡哪些內容與功能會以獨立視窗呈現、這些獨立視窗如何與應用程式裡的其他視窗相互連結。

有許多文件可以用來連結這些資料,例如網站地圖、用戶流量、互動模組、線框圖、功能規格等,不過這些都只是藍圖而已。設計是「設計師和客戶」與「設計師和團隊」之間的反覆對話,設計文件可以提供這些對話的詞彙。決策是討論出來的、方案是提出來的,兩者都會被認可或否定。透過這些過程,可以讓設計文件變成了解目前設計狀態的代表。

當然對於完成專案的時間控制、符合預算等方面而言,這些對話都有停止的一刻,設計決策也有定案的時間點。最後的選擇,將反映在設計文件的最後一次改變中。

先畫草圖

設計疑問不會只有單一正解，當您開始進行使用者經驗設計時，有許多不同導向與選項可供選擇。某些導向比較符合客戶的業務目標，而其他則比較符合使用者的目的。某些導向是以現有技術下運作最順暢，有些則是易學、另一些則是要更有趣。繪製「草圖」是探索眾多不同設計導向的絕佳方式，也就是將想法用筆在紙上，或用白板筆在白板上繪成草圖。若工作團隊與客戶有興趣更進一步參與非正式設計過程，便可以跟他們討論您的草圖。草圖可以協助您探索多種選項，並在著手建立正式設計文件之前，解答許多疑問。

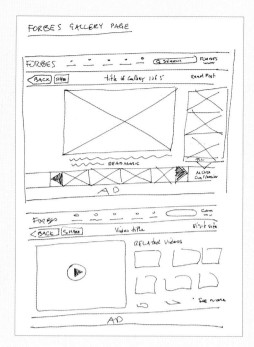

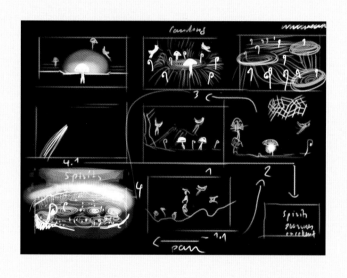

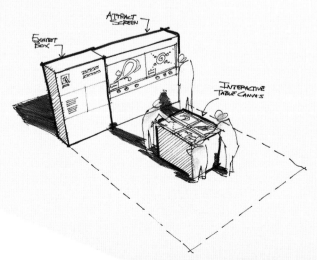

請先繪製草圖
上方範例為本書眾多案例研究中的不同草圖。最棒的草圖便是能快速、精確、清楚表達出您的想法。

互動模型

繪製草圖的方法之一便是「建立互動模型」。互動模型是指簡單手繪草圖，畫出一系列的螢幕設計，描述使用者在網站或App裡的某個主要動作或行為。互動模型是用來探索使用者在體驗中瀏覽時，所可能採取的不同選項。互動模型包含足夠的細節，剛好夠用來描述網站或App的核心概念版面，以及使用者如何在當中瀏覽即可，並可用在與客戶及團隊成員的溝通上。

這三個互動模型示範了使用者如何進行瀏覽，本例顯示從貓的照片瀏覽切換至熊的照片。貓用藍色的邊框、熊用綠色的邊框，紅色代表使用者的觸碰點。

縮圖
幻燈片秀
瀏覽

圖片輪播區
瀏覽

節點
瀏覽

原型的力量

UX工具組裡最有價值的工具之一便是「原型」，原型是指設計呈現的概念模型或實物模型。原型可以讓設計師快速地充分檢驗想法，而不必真的花時間與金錢去建立一個功能完整的網站或應用程式。

有許多不同的領域會使用原型來改良設計理念，工業設計師會先在紙上畫出想法的草圖，然後用塑型粘土、現有物件或甚至3D建模軟體來進一步發展想法。而新的技術像3D印表機，可以將3D模型「轉換」為實體物件，讓工業設計師將建立原型的過程，更進一步的把數位設計作品變成使用者可以握在手上的東西。

建立模型的目的，是在了解使用者如何互動與體驗您所設計的物件、網站或應用程式，並利用這些資料，在開始花錢、花時間研發之前，改良設計決策。

在互動設計中，原型通常會分為低擬真或高擬真。低擬真原型可以是在紙張上手繪草圖，或是使用Photoshop這類軟體製作並於螢幕呈現概念視覺圖。高擬真原型則是可互動的（亦稱可點按的原型），讓使用者可以在不同畫面之間瀏覽，也可以用Powerpoint、Adobe　Flash或Flex這類開發工具來製作。

原型可讓您以設計師的身份，去實驗與測試設計想法。並且讓使用者代表或客戶們，更容易了解設計決策，也因為有了互動，而讓設計變得更為逼真、更容易被了解。亦可藉由獲得觀看使用者代表，「瀏覽點擊」過這些草圖或可點按的原型，來獲得寶貴的意見。當我們從原型呈現出真實世界裡的互動情況時，客戶便更能了解這些概念資訊。

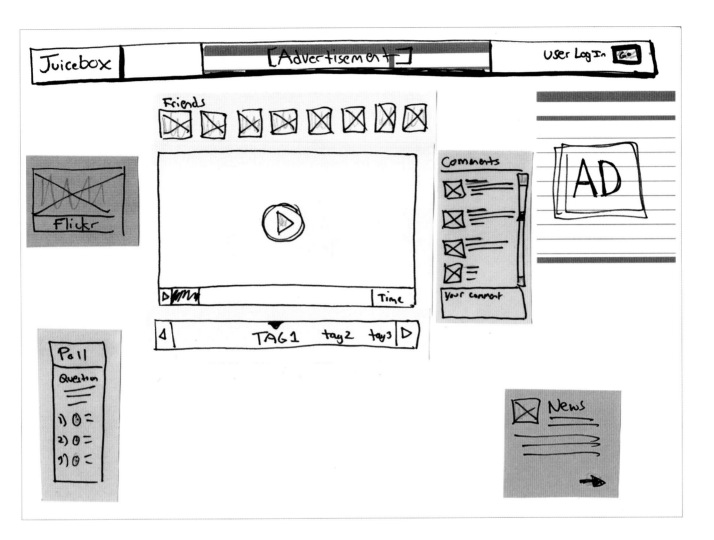

🔍 Juicebox

Juicebox是由Funny Garbage公司負責,用來探索網路電視未來發展的研發專案。Juicebox透過即時網路搜尋使用者正在觀看的節目,來強化電視觀眾的體驗。從社群網路、部落格、網路商店與新聞來源的內容,會跟收看的傳統電視節目同時呈現,使用者可以在線上跟朋友聯絡、聊天。這種加強節目的能力,以及跟朋友一同觀賞節目的方式,讓Juicebox可以在特殊事件如頒獎典禮或電視首映會上,成為強大的社群體驗。

他們將該體驗以紙上原型呈現，以便協助探索 Juicebox如何運作。Funny Garbage公司同仁利用剪刀、便利貼、索引卡片以及一些油性簽字筆，很快地描繪出這項體驗。雖然這樣做出來的原型很粗糙，不過它可以讓團隊一窺此項體驗的諸般可能性。

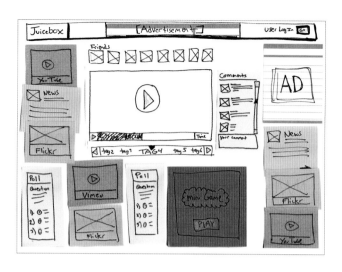

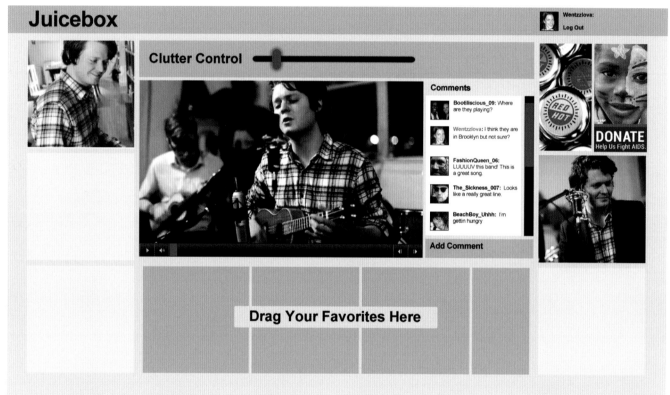

此紙製原型揭示了兩個重要的發現，第一個是發現有些使用者並不想要在看電視的時候，受到其他干擾，所以他們必須在介面裡加入控制這些分區的能力。其次便是有些使用者會想要把這些額外的內容儲存下來稍後再看，因為這些內容會隨著節目同步變動，有時改變的速度相當快。這些觀察所得的結果，都在下一個原型裡加以改進。該中度擬真原型加入了簡單的互動，例如滑動控制，可以讓使用者限制內容呈現的多寡。也加入了拖移存放內容，以便稍後觀看的功能。這個中度擬真原型為螢幕上到底能呈現多少內容，提供了更為擬真的呈現。

初期原型的主要目標是用來探索各種不同的設計方向。藉由低擬真原型，設計師可以快速探索不同選項。這些選項可以請使用者代表加以測試，也可以呈現給客戶觀看。使用低擬真原型，可以讓設計師快速得知對使用者來說最成功的部分，或是對客戶來說最喜歡的部分。

隨著初期設計開發的進展，必須作出一些決定網站或應用程式「細節」的設計決策，特定的互動與相關的設計決策也必須決定。此時使用高擬真原型可以協助設計師探索設計上的特定方向，例如使用上是否容易瞭解，是否可以明顯協助使用者解決問題。

原型可以協助設計師測試自己的想法，並在開始建立體驗之前，作出重要的設計決策。越了解自己的設計，建立起來就會越快也越簡單。

最終版的原型被設計成盡可能貼近真實情況。利用Flash製作，示範播放影片與增加內容的同步情況，讓使用者可以感受到此項體驗的真實情形。影片播放時，一旁的內容就跟著變動。此原型成為概念的「實證」，就像是推銷工具一樣。可以為潛在客戶量身訂做，並讓他們感受自己的行銷內容在我們設計的體驗下，所呈現的實際情況。這三張畫面擷圖描繪出此項體驗如何先以簡單畫面呈現，然後逐漸在使用者觀看影片後，畫面上出現更多強化內容，變得越來越有趣的情況。

案例研究－Juicebox
設計者－Funny Garbage公司
所在地－紐約、紐約州

「著手寫程式之前，我們花了數個月進行設計與製作紙本原型。想當然爾，團隊對於何者可進行編碼轉換都深具經驗。視覺設計師，顧名思義，具有將紙上或白板上的畫面轉換成真實產品的想像能力，但對於程式設計師或多數終端使用者來說，情況或許有所不同。以我們自身為例，將眾人已知未臻成熟的設計概念編寫成程式，以供使用者測試回饋，其花費與代價更甚昂貴！」

—— 引述自Linda Holliday
數位出版天使投資人、Semi-Linear公司CEO

"We designed and paper prototyped for months before we started coding. Granted, the team was experienced in what could be coded. Visual designers are by definition capable of imagining the jump from paper or whiteboards to reality. That may not be equally true for some programmers or most end-users. In our case, it would have been very expensive to program design ideas half-baked for user feedback when we already knew they were half-baked!"

Linda Holliday, digital publishing angel investor and CEO, Semi-Linear

網站地圖

第一個要建立的設計文件應該就是網站地圖，也就是用來說明設計中的網站或應用程式的整體結構。網站地圖要呈現網站或應用程式的所有頁面、螢幕或模式，以及彼此如何相連。網站地圖亦須可以連接其他額外資訊，例如只有使用者在網站註冊之後，才能行使的功能或訊息頁面。

線框圖

線框圖是網站裡所有頁面的藍圖。他們描繪出頁面版型（也就是內容的安排），以及介面元素（如導覽列與按鈕），還有這些元素放在一起將如何運作等。線框圖通常並不顯示視覺設計元素，例如字體樣式、顏色、圖片、文案或內容。它們只是用來說明在網站的某個頁面上可以做哪些事情，而非該頁面長得像什麼樣子。

線框圖的設計，應該只要足夠跟您的客戶與團隊溝通這些已經做好的設計決策，不會造成誤解即可。而且用來將這些已完成的設計決策，丟給將由視覺設計師作出的設計決策當中，由他們決定顏色、字體、形狀等細節。線框圖主要是讓視覺設計師，當作網站整體視覺設計的起始點。

> **TIP** 線框圖並不需要從頭開始建立所有的使用者介面元素，因為網路上有許多免費的版型、模組與使用者介面元素，提供您下載來作為設計的起始點。

🔍 SHFT

SHFT是一家網路媒體平台，目標在透過藝術、設計與視訊，鼓勵更長遠的生活方式。Ludlow Kingsley本是家洛杉磯的小創意工作室，卻將這項專案付諸實現，完成從使用者經驗、設計到研發，以及調度管理的所有細節任務。

NAVIGATION

HOME	SHFT TV	WATCH	SHOP	READ	ABOUT	PARTNERS	PRESS
MAIN FEATURE	ORIGINAL SERIES	ALL	ALL	ALL	ABOUT US	PARTNERS	PRESS CLIPS
WATCH		LATEST	LATEST	LATEST	FOUNDING PARTNERS	FELLOWS	
SHOP		ORIGINAL SERIES	AFFORDABLE	RELATED	CONTACT	FRIENDS	
CUSTOM		SUBMIT	PRICE RANGE	SUBMIT	CAREERS		
SHFT THIS WEEK			ASPIRATIONAL		CONTRIBUTORS		
FOUNDING PARTNERS			SUBMIT				
FOUNDING PARTNERS							
CONTRIBUTORS							
FB / TWITTER							
SITES WE LIKE							

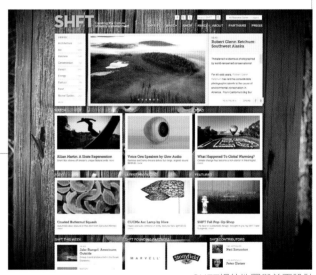

SHFT網站地圖與首頁設計

這項設計過程的一個重要步驟，便是要建立網站地圖與線框圖。因為這些文件可以提供客戶及團隊所需的必要資訊，以讓他們了解網站結構與大致的版面編排、還有頁面版型上的功能等。這些文件設計得夠清楚與資訊豐富，但也不會過度設計到任何外觀與感受的部分。

視覺上簡化的網站地圖與線框圖，不只能提供設計團隊所需的資訊，其中不同的描述說明，也提供相當的空間，讓設計團隊去探索不同的設計。

案例研究－SHFT網站（shft.com）
設計者－Ludlow Kingsley工作室
所在地－洛杉磯，加州

功能規格

標題：圖片幻燈片的描述出現在這裡　　　　　　　< 更多訊息

在線框圖詳細描述功能規格，內容包括當使用者與功能或內容產生互動時，系統打算跳出什麼回應等。這些功能規格可以用來解釋細節，例如當使用者點選某個導覽選項或按鈕時，設計師打算讓系統顯示的內容。功能規格主要是讓程式開發者在編寫網站或應用程式時使用。

若您看過線框圖的假想幻燈片秀後，就會了解這種體驗，最後需要某種形式的幻燈片秀來呈現。但是設計師、開發者與客戶可能會有一堆疑問：影像需要用何種尺寸？直式圖片也可以像橫式圖片一樣正常呈現嗎？幻燈片秀有支援影片播放嗎？幻燈片秀是自動往下播放的嗎？圖片說明是強制出現的嗎？說明文字的字數限制呢？播放到最後一張圖片時會如何？幻燈片秀要以何種語言來編寫？

加入功能規格可以協助回答這些問題，而要在文件裡描述的詳細程度，要看您跟團隊成員與客戶之間的默契如何，請建立所需的詳細程度，讓大家都能有相同的了解。

建議閱讀：

《Sketching User Experiences：：Getting the Design Right and the Right Design》，Bill Buxton 著，Elsevier Science出版，2007年。

《The Elements of User Experiences：User-centered Design for the Web and Beyond》，Jesse James Garrett著，New Riders出版，2010年。

標題：圖片幻燈片的描述出現在這裡　　　　　　　　　　　　　　< 更多訊息

#	元素名稱	類型	描述／連結	附註
1	幻燈片呈現區	圖片	本區呈現460x200像素的影像	若遇到直式圖片上傳到CMS（內容管理系統）時，將會呈現在幻燈片中央，空出來的背景設計還需再討論。 幻燈片會自動播放（如果到幻燈片盡頭，便會自動循環重新播放），直到使用者按下「前一張」或「下一張」按鈕，請參考下方附註。
2	前一張	按鈕	載入前一張圖片與說明文字	如果是在第一張圖片時，便會開啟順序裡的最後一張圖片。 幻燈片秀會自動往前播放，直到使用者按下「前一張」或「下一張」按鈕，也就是此項體驗將可由使用者手動控制。
3	下一張	按鈕	載入下一張圖片與說明文字	如果是在最後一張圖片時，便會開啟順序裡的第一張圖片。 幻燈片秀會自動往前播放，直到使用者按下「前一張」或「下一張」按鈕，也就是此項體驗將可由使用者手動控制。
4	圖片說明	文字	每張圖片都可使用圖片說明（標題、描述文字與選擇性的連結文字）	若未提供說明文字，該區可留白。

Real Networks「電視帶著走」設計選項原型。

Real Networks

當Real Networks聘請舊金山設計事務所「Method」來協助設計「Tahoe」（TV-on-the-go、讓使用者將喜歡的電視節目帶在身邊觀看），Method公司探索了許多不同的介面選項，讓使用者可以用來瀏覽他們喜歡的影片內容。

Method公司透過繪製互動模式草圖，探索了五種不同的互動概念。這些模式用來溝通使用者將如何在此App裡的不同分區間瀏覽、他們如何找到影片、以及這些影片要如何在Tahoe上觀看。

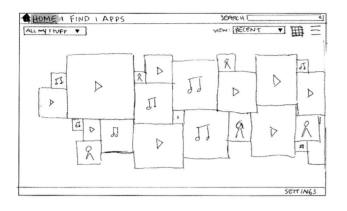

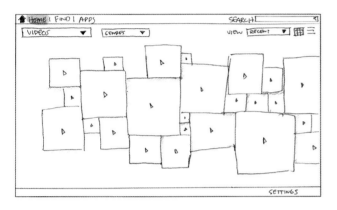

互動概念A

導覽／Home（首頁）畫面
- 簡易導覽標籤
- 最先出現的內容是使用者在Tahoe的所有影片，加上書籤位址的內容
- 影片尺寸、位置與使用者關注度
- 觀看與排列控制選項會一同呈現，讓使用者可以對如何觀看自己的資料庫，有更佳的控制

經過濾的首頁畫面
- 即時過濾器可以讓使用者觀看單一類型的內容
- 大小、位置、關注度等，依舊可以用來為內容重要度進行分類

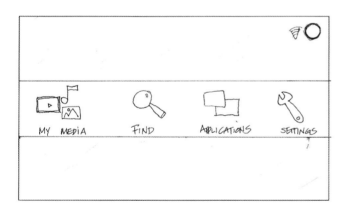

互動概念B

導覽選單
- 開啟後自動顯示導覽選單
- 不使用首頁畫面
- 只有實體按鍵才可以執行全面導覽

我的媒體
- 依類型顯示媒體
- 使用者一次可以瀏覽一種媒體
- 螢幕特定選項可以從右下角的按鈕執行

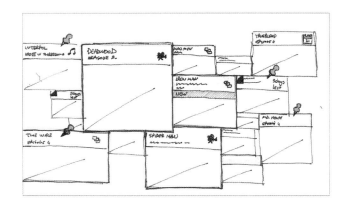

互動概念C
Home（首頁）

- 「Home」體驗是以周圍環繞著本機儲存媒體，或可即時執行的串流影片
- 內容縮圖的「大小」，意指與前部影片看過的內容、使用模式與感興趣與否的相關程度
- 經常收看的連續影集，其新內容出現時縮圖較大，已經看過的舊影集縮圖就會較小
- 使用者可「釘住」想要稍後觀看的內容，以便快速選取

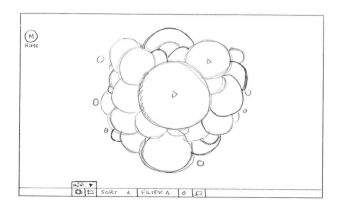

互動概念D
Home（首頁）

- 「Home」體驗是以周圍環繞著「內容雲」的方式來呈現
- 內容縮圖圍繞著由使用者控制的中央球體轉，依他們的點觸而四處閃動
- 觀看、整理、過濾、縮放與其他控制選項，可讓使用者用許多方式來分割畫面
- 可能會用某些手勢，讓使用者擴大或切割此「內容雲」，以進一步觀看內容與片段

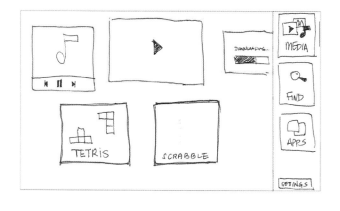

互動概念E
Home（首頁）

- 使用實體按鍵開始
- Home就像具有主導覽列以及通往喜好內容或App捷徑的儀表板，並可進入任何可用功能
- 此模式所強調的特點就是任何概念都能採用

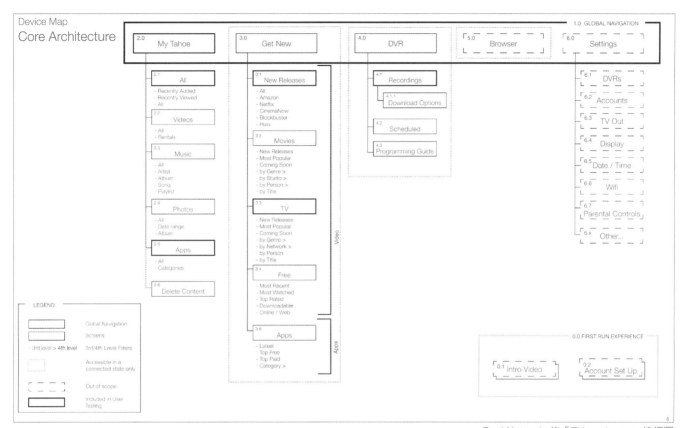

Real Networks的「TV-on-the-go」線框圖

Method公司建立了一個裝置圖，以便溝通需為Tahoe
設計的不同螢幕畫面。此圖呈現出Tahoe的主要畫
面、所有接在主畫面下的次畫面，以及其他輔助畫
面。Tahoe應用程式的架構，可以很容易透過此圖來
看出層次結構。Tahoe的主要導覽選項，以圖中的主
要畫面來代表。

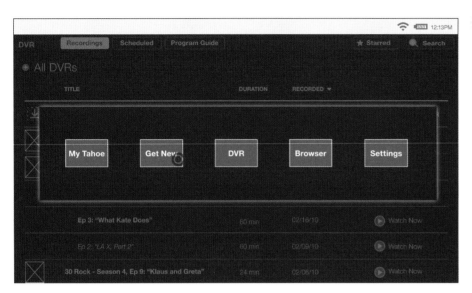

總體導覽Global Nav

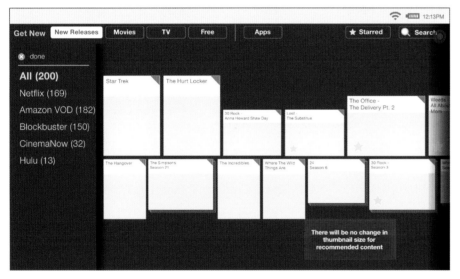

新發表New Release
- 新發表內容可透過出處篩選
- 可以從MyTahoe、GetNew、DVR 三區進行搜尋，每次搜尋都可以 跨區進行

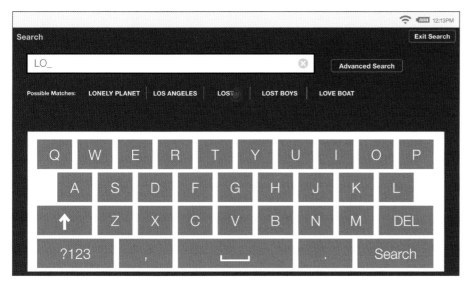

關鍵字搜尋
Keyword Search
- 當使用者輸入搜尋字串時,可能符合的項目便會出現在文字輸入區下
- 點擊Search或是建議搜尋字將送出需求,接著載入搜尋結果畫面

每季劇情大綱
Series Detail
- 各季劇情大綱畫面會包含「錄製」選項
- 點取「錄製」選項將開啟具有錄影控制選項的畫面

面對Real Networks的Tahoe製作,Method團隊建立很詳細的線框圖,呈現出應用程式裡的每個畫面。線框圖很清楚的表達了應用程式的架構、內容以及使用者可以執行的功能。這些線框圖設計得剛好足夠清楚傳達細節,釐清了那些容易在設計過程中造成分心的內容。

案例研究-Real Networks App
設計者-Method公司
所在地-舊金山,加州

CHAPTER 10 品牌化體驗

現在您已設計出網站的訊息架構，也就是網站結構。每個頁面要出現哪些內容與功能、以及這些頁面要如何連結在一起等。接下來在使用者經驗設計流程裡要做的事，便是要將這項體驗品牌化（Branding），也就是說，建立網站的視覺設計。

品牌化以前被視為設計元素——例如公司logo、包裝設計、廣告、行銷等，這些用來加深顧客對產品或公司印象的作法。品牌給了顧客在貨架上找到想要產品的辨識方式，或讓方便他們直接詢問店員。而當顧客變得越來越挑剔後，品牌便不再只是提供令人愉悅的視覺設計而已。品牌化現在已經用來描述顧客與產品或公司之間，所形成的「情感連結」。可口可樂迷喜歡軟性飲料的原因不再只是因為口味、獨特瓶身或紅白相間的logo，他們喜歡可口可樂的是因為這個品牌所代表的整套情感與回憶，懷舊、聯繫與快樂。

而在這個互動的世界裡，品牌所代表的更為複雜。身兼作者與數位策略專家的Seth Godin曾說：「品牌是一連串的期待、回憶、故事與關係，它們整合在一起，負責讓顧客決定選擇某項產品或服務，而非選擇其他產品或服務。」換句話說，品牌不只是在引發產品與顧客之間的情感連結，也是藉由產品對顧客所做出的一連串承諾。Google承諾使用者「點一下就連接世界的資訊」，Amazon（亞馬遜網路書店）承諾「提供友善、簡單、價格公道的產品」。這兩家網路超級品牌如果沒做到承諾的話，就會讓顧客失望，也有損Google與Amazon的聲望，也就是一般所說的「品牌認同」。

在這個互動世界裡，品牌化已經成為「以使用者為中心」了。

🔍 Cartoon Network App

Cartoon Network（以下稱卡通頻道）是家專門製作8～14歲兒童節目的美國電視公司。他們也擁有一個相當受歡迎的網站，內容包括有卡通、影片以及免費的角色相關遊戲。

文接148頁 ⌐

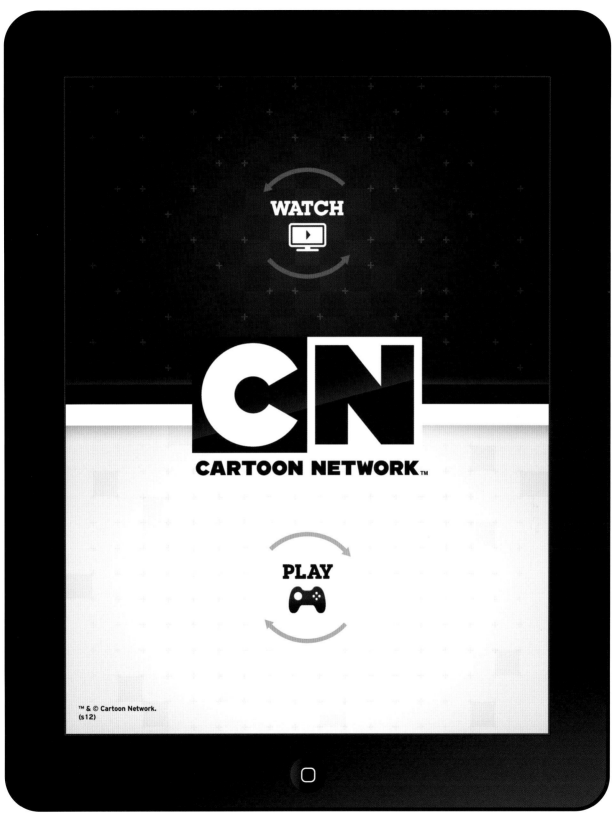

WATCH

CN
CARTOON NETWORK™

PLAY

™ & © Cartoon Network.
(s12)

卡通頻道的iPad App設計

↰ 文接146頁

他們的觀眾是一群平常就很懂3C產品的人：大約有50%的觀眾擁有自己的iPod touch，且多數小孩至少能接觸到兩台或以上的行動裝置。因此對卡通頻道來說，必須在此領域著手開發新的App，是相當重要的一件事。為了讓使用者同時喜歡玩遊戲與看節目，而讓此App同時具有這兩種功能，也相當合理。

卡通頻道並不想更改在網路上提供的內容，不過在iPhone與iPod touch的功能性上，確實可以提供如何使用這些內容的全新機會。因此一個簡單且強而有力的想法誕生了：利用這些設備的「方向定位」特性作為導覽。

若將行動裝置逆時鐘方向轉動的話，此裝置就成為行動電視，就像即時播放與網路播放一樣，行動裝置會秀出最新與最佳影片內容。使用者可以觀看短片，或者登入以觀看完整節目。

卡通頻道iPhone App的遊戲模式

若使用者將行動裝置旋轉180度，裝置就變為一台攜帶式遊戲機。這些遊戲是特別為行動裝置所設計，加強手勢的操作，包括觸碰、輕點、拖曳與劃過等。

螢幕較大的iPad，可將此體驗往前推進一步，而iPhone與iPod touch，仍然可以使用行動裝置方向定位的方式作為導覽。然而，當iPad在直立模式時，使用者可以同時觀看喜歡的影片及玩遊戲。在使用者測試時，他們發現這個年齡的小孩通常都可以「多工」同時進行。因此研發過程裡，特別注意了哪些類型的遊戲，是比較適合小孩一邊看影片，一邊還會喜歡玩的遊戲。

卡通頻道App不光是圖片、動畫、顏色、聲音與設計元素，也超越了節目娛樂與迷人遊戲的部分。此App的功用性，在於替自身品牌提供了新的層面，不僅完全代表自己，也直接對使用者進行傳達。

您可以在iTunes商店找到卡通頻道App。

卡通頻道iPhone App的觀賞模式

案例研究－Cartoon Network App
設計者－Funny Garbage公司
所在地－紐約，紐約州
設計者－Dreamsocket公司
所在地－亞特蘭大，喬治亞州
設計者－All Things Media有限公司
所在地－拉姆齊，紐澤西州

卡通頻道iPad App設計

CARTOON NETWORK及其logo與所有相關字體元素均為時代華納集團
及其旗下© Cartoon Network版權所有。

品牌層次的演變

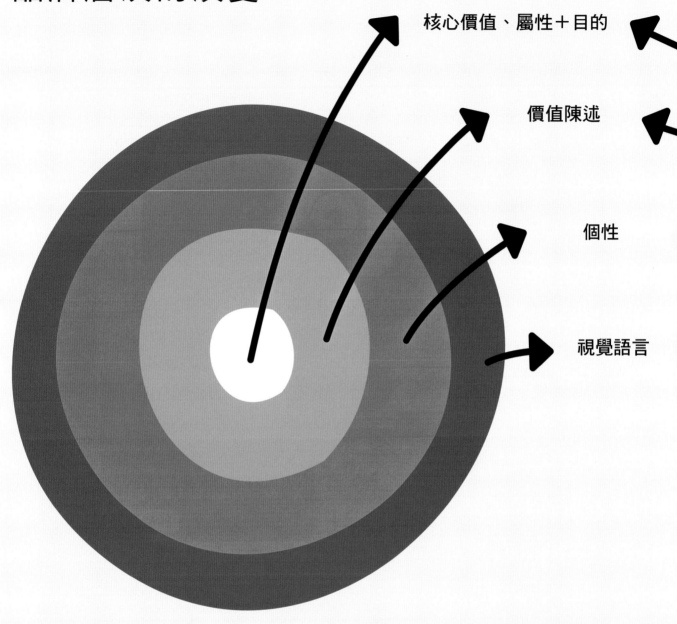

核心價值、屬性＋目的

價值陳述

個性

視覺語言

加州舊金山的Central公司社長Damien Newman，以此圖表協助將品牌層次的演變加以視覺化。根據Newman的説法：「今日的品牌存在於一個活潑喧鬧的故事、目的與意義世界中。人們透過網路與社群，和這些公司連結與互動。品牌的新層面正在形成：亦即故事互動層面與意義層面」。

——Damien Newman製表

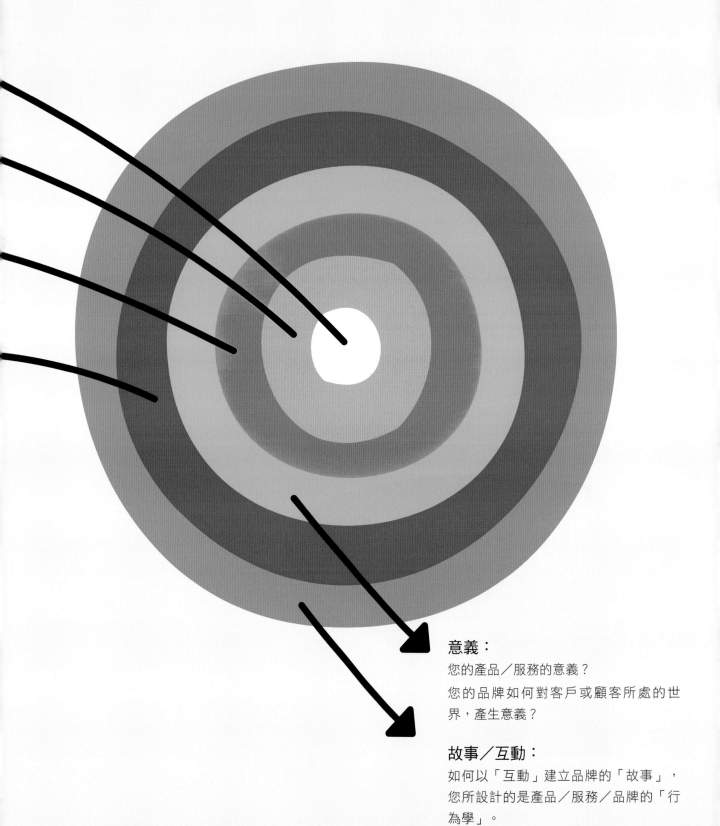

意義：
您的產品／服務的意義？
您的品牌如何對客戶或顧客所處的世界，產生意義？

故事／互動：
如何以「互動」建立品牌的「故事」，您所設計的是產品／服務／品牌的「行為學」。

Google™

🔍 Google

若使用Google首頁進行搜尋，或許應該看過那些以數百個不同形態呈現logo的其中一款。Google Doodle（主題塗鴉），如大家所知道，通常用來紀念有重大成就的人、重大事件或世界上的知名人物等。

Google Doodle的歷史可回溯自1998年，當Google創辦人Larry與Sergey替logo加點新意，以表達他們去參加了「火人祭（Burning Man、矽谷人到沙漠參加的慶典活動）」，因此在Google的第二個O後面加上一個小火柴人，用意在趣味性地告訴大家「我們離開辦公室（Office）了」。

經過數以百計的doodle後，Google Doodle已經變成該品牌重要的一環，有些使用者也會期待新出的Doodle。他們為原本的體驗，在大量技術與任務本質（例如搜尋）以外，加上了一點個性，並且強調了品牌本身的「創意」。事實上，Google有整個團隊的設計師，用來負責製作新的doodle，或是跟外聘設計師合作。同時也有一項受歡迎的「Doodle 4 Google（為Google塗鴉）」比賽，開放給美國校園裡幼稚園到12年級的學生參與。

就像公司本身一樣，doodle也不斷的演變。有越來越多的doodle以互動的方式出現，提供許多創新的小驚喜。Google並不需要投資在這些logo的不斷演進上，畢竟，多數的品牌專家絕對不會建議客戶把logo作出這麼多的風格與變形。不過這就是品牌，這就是他們的品牌個性，而且秀出他們的創意與技術能力，也是相當重要的事。

案例研究－Google Doodles（Google.com）
設計者－Google
所在地－山景城，加州

首次世界博覽會
160週年紀念

（全球）

這是互動式作品，
去Google一下吧。

地球日

（全球）

這是互動式作品，
去Google一下吧。

自由日

（南非）

Italo Calvino
88歲誕辰

（卡爾維諾，小説
家，義大利）

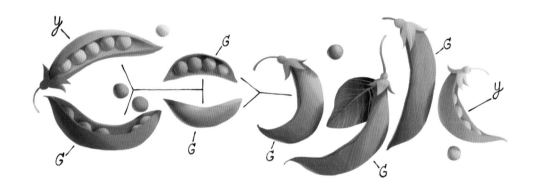

Gregor Mendel
189歲誕辰

（孟德爾，遺傳學
者，全球）

Katsushika Hokusai
誕辰

（葛飾北齋，浮世
繪畫家，日本）

Harry Houdini
137歲誕辰

（胡迪尼，魔術
師，全球）

元宵節

（中國、香港、
台灣）

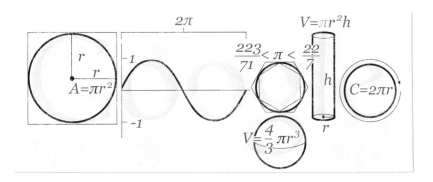

Pi日，即圓周率日

（部分國家為3月
14日）

里斯本電車通車
110週年

（葡萄牙）

Art Clokey
90歲誕辰

（阿特克洛基，
粘土動畫大師，全球）

Rosa Parks拒絕讓
座滿55週年紀念

（羅薩帕克斯，黑
人民權運動人士，
美國）

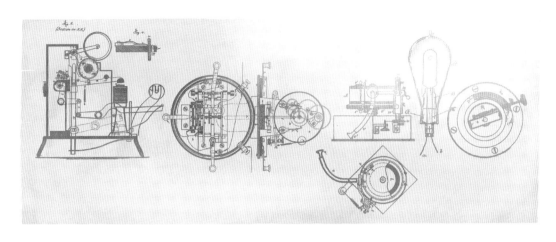

Thomas Edison
誕辰

（愛迪生，全球）

人類首次登上太空
滿50週年紀念

（全球）

這是互動的作品，
去Google一下吧。

Jorge Luis Borges
112歲誕辰

（博爾赫斯，詩人
與作家，全球）

如何建立一個不會討人厭的品牌化App？

—— Paul Pierson撰文

Carbone Smolan廣告公司合夥人與設計總監

當Carbone Smolan的長期廣告客戶美國Canon公司，來找我們設計iPhone App時，我們知道不能只呈現Canon產品線而已，必須還要再深入一點。已經有太多品牌在建立App的時候犯了錯誤，因為它們只告訴大家關於這家公司的事而已。然而，建立成功的品牌App應該從「說明」改變為「幫助」。而App能獲

Canon的iPhone App設計。

得使用者採用的原因，只有在建立新的體驗後，讓它們可以協助顧客達成與品牌相關任務的情況。

步驟一：品牌

第一個步驟便是要揭示品牌的核心任務，通常這也是最難的部分，如果品牌有好的App，這點便不難辦到。對Nike來說，他們的使命是要能健身，且App要能幫助人們，把運動的過程變成像是遊戲。Whole Foods（有機食品通路商）的使命是健康，他們的App要能藉由提供食譜與購物清單，讓人們烹煮出更好的食物。對Canon來說，我們發現，透過該品牌相機能激發攝影師拍出更好的照片。因此我們建議Canon把品牌使命與App定義為「激發靈感」，就像他們的器材一樣，應該要能提供靈感。

步驟二：App

在這樣的使命下，下一個步驟便是建立獨特的工具來幫助人們達成。Canon要如何建立一個可以激發顧客靈感的App呢？我們對App市場的研究發現，已經有許多照相App提供濾鏡功能，但並沒有App提供攝影師建立與從事個人專案，也就是許多攝影師所説的靈感來源。因此我們建立了先進的點子產生機制，只要點兩下，便可產生近乎無限數量的影像觀點。如同Nike與Whole Foods的App一樣，Canon的作品完美地串聯了自己的產品線。

步驟三：設計本身

設計是最後的步驟：請確定App通過logo的交換測試，也就是把客戶的logo替換成競爭對手的logo時，看起來一定要像是放錯地方一樣。對Canon而言，此App的設計就像是傳承自Canon L鏡系列的精緻工藝一般，套上標誌性的紅圈，條狀轉環、方正窄字體以及各式各樣的圖形裝飾。這些最後的細節，建立出只有Canon專屬的特有體驗。

Canon的iPhone App設計

ONE OF THESE DAYS
I WILL FIND MY WAY TO
A PLACE I USED
TO LOVE
I WILL MAKE IMAGES OF
A WET SNACK
MY IMAGES WILL FEEL
INSANE
AND I WILL SHOOT
AT 1600 ISO.

11 您能從「易用性」測試裡學到什麼？

恭喜，您已設計出了一項使用者經驗，不過您已經有很長一段時間，沒跟使用者說過話了。我們在剛開始設計專案時，了解到客戶的目標，接著專注於使用者的需求與渴望。也觀察過同性質的競爭者，並決定要設計給何種平台使用。

有了這些訊息在身，我們作出許多重要的設計決策，來符合使用者的需求。接著您與工作團隊及客戶相互合作，設計出很棒的品牌化體驗。

然後希望此體驗可以導引、激勵並吸引您的使用者。不過您要如何確定這一點呢？如何驗證這些設計過程裡的假設呢？如何判斷使用者學會使用的難易度，並且會照您的設計來使用呢？如何確定已經符合使用者的需求呢？換句話說，在您已經設計完成體驗後，要如何繼續把使用者放在設計流程的中心呢？

您必須獲得一些使用者對於所建立體驗的使用回應。有一項很有用的方式，不僅可以持續將使用者納入，並且可以將使用者回應加入到設計流程後期的作法，這個方法便是透過「易用性測試」來完成。「易用性測試」是一項用來評估產品的技術，做法是將產品交給可能的用戶來使用，其目的是要讓真實的人們使用您的設計，以發現任何可能產生的問題，以及他們覺得用起來如何，以便決定此項體驗應該如何改進。

🔍 My Asics

Asics（亞瑟士）是一家日本運動器材公司，以所生產運動鞋能迎合所有不同層面的使用而聞名。他們了解認真的跑者會依靠訓練計劃來分析自己的表現，並完成自己設定的目標。MyAsics便是替認真的跑者所開發的網路訓練計劃。

文接168頁 ⤵

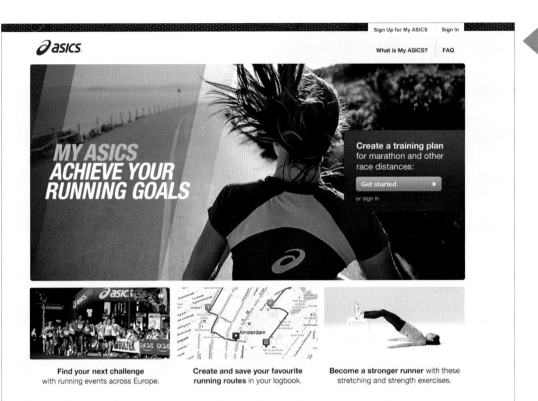

My Asics首頁的原始設計看起來不錯，不過並不方便使用者註冊。

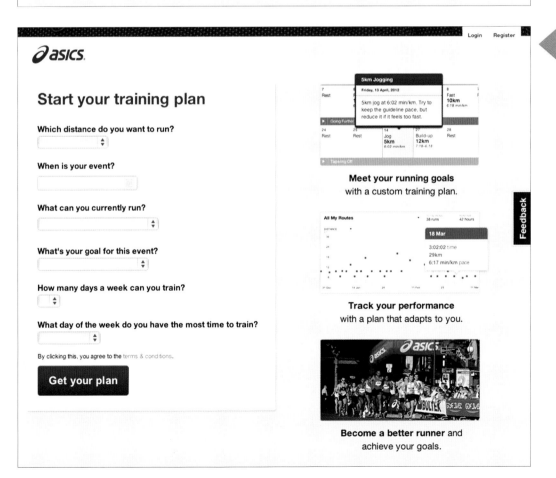

修改後：

新的My Asics首頁設計在視覺上可能不那麼生動，不過在增加使用者註冊功能上，顯得更有效率。

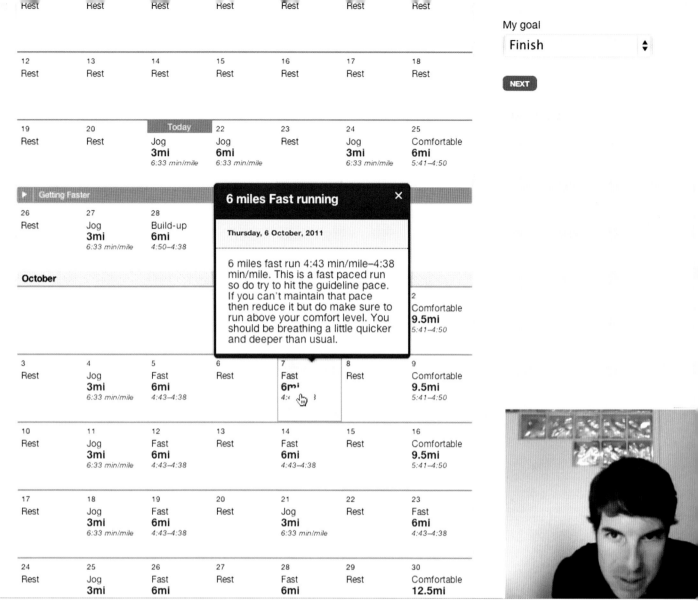

Rest	Rest	Rest	Rest	Rest	Rest	Rest

My goal

Finish ▲▼

NEXT

12 Rest	13 Rest	14 Rest	15 Rest	16 Rest	17 Rest	18 Rest

19 Rest	20 Rest	**Today** Jog **3mi** 6:33 min/mile	22 Jog **6mi** 6:33 min/mile	23 Rest	24 Jog **3mi** 6:33 min/mile	25 Comfortable **6mi** 5:41–4:50

▶ Getting Faster

26 Rest	27 Jog **3mi** 6:33 min/mile	28 Build-up **6mi** 4:50–4:38				

October

6 miles Fast running ✕

Thursday, 6 October, 2011

6 miles fast run 4:43 min/mile–4:38 min/mile. This is a fast paced run so do try to hit the guideline pace. If you can't maintain that pace then reduce it but do make sure to run above your comfort level. You should be breathing a little quicker and deeper than usual.

						Comfortable **9.5mi** 5:41–4:50

3 Rest	4 Jog **3mi** 6:33 min/mile	5 Fast **6mi** 4:43–4:38	6 Rest	7 Fast **6mi** 4:…	8 Rest	9 Comfortable **9.5mi** 5:41–4:50

10 Rest	11 Jog **3mi** 6:33 min/mile	12 Fast **6mi** 4:43–4:38	13 Rest	14 Fast **6mi** 4:43–4:38	15 Rest	16 Comfortable **9.5mi** 5:41–4:50

17 Rest	18 Jog **3mi** 6:33 min/mile	19 Fast **6mi** 4:43–4:38	20 Rest	21 Jog **3mi** 6:33 min/mile	22 Rest	23 Fast **6mi** 4:43–4:38

24 Rest	25 Jog **3mi**	26 Fast **6mi**	27 Rest	28 Fast **6mi**	29 Rest	30 Comfortable **12.5mi**

Silverback易用性測試軟體的擷取畫面，它會同時拍下使用者與螢幕畫面的影片

↰ 續接169頁

「我們使用Silverback——一款較便宜的使用者測試專用軟體——以便記錄與分析這項測試。依照我們提議的計劃，在第一個參與者前五分鐘的測試裡，我們便知道這項設計絕對會很成功」。

「在我們進行五次測試之後，結果相當清楚，所以我們取消了剩下的測試。每一次的測試過程裡，新設計不論在任何方面都極為成功。可查找性更是成功，完成計劃的時間變快了，儲存計劃的時間更短（幾個測試裡都是花五分鐘內就能完成）」。

ASICS-UsabilityTests ☆

File　Edit　View　Insert　Format　Data　Tools　Help　　Last edit was made 34 days ago by ginozahnd

	A	B MyASICS (starts at the beginning)	C Prototype (starts at 10:18)
1		**MyASICS (starts at the beginning)**	**Prototype (starts at 10:18)**
2	**Time to complete a tailored plan**	Participant failed to find the 3 steps to tailor the plan. Gino had to show him the 3-step process, and even then, step 1 wasn't clear.	It took 1:10 to reach a fully tailored plan.
3	**Time to Save & Signup**	Participant failed to find the Save button because he failed to see the 3-step wizard. Tried to use the 'Register' link in the navigation bar to save a plan.	It took 2:18 to complete the plan and save it (These two times include him telling us a lot of stuff as he was going through it.)
4			
5			
6	**Notes & Quotes**		
7		Understood there were phases by looking at the whole plan. Liked the phase descriptions.	He'd like a graphic-ish overview of the plan instead of confirmation text. e.g. length of plan, distance, etc. explaining what he's getting into.
8			
9		After being unable to find the Plan Wizard, Gino showed him the wizard. Upon showing him the step-by-step process, he said, "Oh, this is different than the first time I saw this." (It wasn't different.)	*"Compared to the other version, this is meaningful. I can save my plan."* 12:47
10			
11		The slider day picker was confusing. He thought it was a range picker. 5:58	We need to put the EDIT PLAN button in the same screen space as the Edit controls. 13:15
12			
13		Didn't know why entering his age mattered. 7:00	When prompted to log a run, he immediately clicked a date to log the run.. 14:30
14			
15		Saved the plan after 8:00, and after Gino explaining the step-by-step process. 8:00	He assumed there would be a mobile device that would automatically log his runs, and then he'd be able to see them on his calendar in this UI. 15:00
16			
17		Wanted the editor to be the clear thing to do. Didn't even notice the Wizard™. 8:35	*"This is a light year's difference than the previous one in that I have this huge call to action, and I didn't have to figure anything out. All the options were presented to me."* 16:07
18			
19		Thought everything was too text heavy. "I'm not reading any of this."	
20			
21			

關鍵指標和重要場景標記，被標示在錄影片段上

「根據測試結果，我們急著想要完成新的網站首頁，並將此項建立計畫的流程推出問世。在限制條件的測試下，我們決定推出重新設計的畫面，給一小部份透過Google廣告流量來到MyASICS的訪客試用，結果依舊很成功。在第一天裡，我們發現建立計劃的人，從1.6%上升到11.9%，也就是幾乎增加了740%。而我們從概念到推出且完成目標，只花了不到兩星期。」

這項感想是相當重要的：美觀的設計，並不代表會自動變成優良的使用者經驗。

案例研究－My Asics網站（my.asics.co.uk）
設計者－Seabright Studios
所在地－舊金山，加州

坐下來觀看您的使用者學習使用自己所建立的東西，可以獲得極有價值的資訊。易用性測試主要用來決定學習與使用某項體驗的容易度，不過易用性測試同樣也可以幫助設計師了解，使用者是如何理解一個應用程式或網站，以及他們對品牌的大致想法。

易用性測試也可以用在開始設計專案之初。當設計師重新設計現有的應用程式或網站時，藉由現有體驗的易用性測試，也是不錯的做法。因為「真正見到使用者、了解這些人是誰、他們想要什麼」的情況是非常棒的。而經由易用性測試所獲得的觀點，非常具有價值。

何謂易用性測試？

有許多種不同的易用性測試——從非正式的「半路測試」，也就是使用者經驗設計師任選五到六個人測試自己的設計，一直到由測試專家參與，正式的易用性測試都有。不過一般而言，所有的易用性測試都會依照相同的流程——一位使用者代表坐在應用程式或網站之前接受測試，受測者被要求依據設計過的方式進行任務。在測試過程中，使用者與應用程式或網站的互動過程被記錄下來，包括點擊、多久完成指定的任務、發生什麼問題或遇到什麼問題。同時也會鼓勵使用者在測試過程裡，大聲說出探索的內容，也就是獨白的方式。而臉部的表情，也會被記錄在影片中。在測試過程裡，從設計小組來的觀察者只能看，不能說話或干擾測試、或為使用者代表提供導引。相對的，他們被鼓勵坐下來，保持沈默，觀看測試，記錄那些讓使用者臉部表情出現疑慮或沮喪的部分。

一進站就是**Flash**的體驗，可能就會導致再訪者離去

—— Will Carlin撰文

    VShift公司合夥管理人

易用性設計最弔詭的觀點之一，便是同時要應付新舊使用者。讓新的使用者可以使用是極為重要的，舉例來說，找出他們想要的東西。但若您的網站有許多經常造訪的使用者，便不需要一些介紹性質的內容，以免拖慢他們的速度。

最近我們有家客戶被一個網站吸引住了，因為網站一進去就是公司CEO跳出來對使用者說話，並介紹這家公司與這個網站。您可能看過這類flash的作品，可以只讓一個人走過螢幕，而不必播放整段影片。看起來很酷，我們的客戶也被吸引了，他一定要這樣照做。

我們知道看個一、兩次可能很酷，但久了以後就會成為煩人的干擾。由於客戶的網站重點是在那些重覆訪客，以這種做法會是個錯誤，不過這麼酷的印象，已經深植在客戶腦海中，一定不容易被勸阻。

因此我們請客戶到那個網站，進首頁以及看到那位CEO後，大約再點擊兩、三個連結，然後完成一些動作。我們給客戶設定十個不同的任務，表面上則裝成想要請客戶幫忙檢視競爭者在這些任務上的易用性。說實話，雖然我們是真的想要得到這十項任務的回應，不過也是真的想要讓這位客戶，成為一位該網站的「重覆訪客」。

在這項小測試結束時，對於CEO出來說話這件事，他完全感到厭煩了。我們的客戶所學到的這堂課非常清楚：永遠要考慮最重要的使用者，而且不要對「酷」這件事感到太興奮。不過我們自己也上了一堂課：有時候，解釋「易用性」最好的方式，就是讓客戶自己使用看看。

爛透了！

易用性測試計劃

易用性測試的第一個步驟便是寫下測試計劃,此計劃需列出將在應用程式上測試的不同任務,這些任務通常會以簡單的說明來告訴使用者代表。舉例來說:「找出影片並播放」或「註冊該網站」。此測試計劃也要列出想要的使用者代表,也就是「受測者」的個性與特徵。這些特徵包括人口統計上所需的年齡、性別、教育程度等,也包括其他特點如技術專長或興趣類別。

下一個步驟便是招募使用者代表,並安排測試日期、時間。測試計劃通常會先建立一份問卷,讓招募人員可以用來決定受測者是否適合。易用性測試通常要花一到兩個小時的測試時間,因此請確定這些受測者,是否安排了足夠的時間來接受測試。

第三個步驟便是進行測試,引導者簡短介紹測試目的後,使用者代表便坐在應用程式前,準備接受測試。他們會被要求逐一執行已經寫在測試計劃重點裡的測試項目,鼓勵受測者在執行這些任務的時候,大聲說出來。引導者可以回答某些疑問,不過在進行測試期間,不能回答關於完成某項測試任務的問題。

絕對不能提供受測者任何幫助,最佳的測試結果便是來自觀看使用者在您的應用程式裡「掙扎」。若在完成某項任務的過程裡受挫的話,表示該處的使用者經驗方面,可能不夠清楚或容易混淆。使用「易用性軟體」工具,可以錄下電腦畫面以及使用者的臉部表情,以供測試後討論。

最後一個步驟便是分析測試結果,以決定該應用程式的易用性如何,以及對可以增進易用性的設計改良,提出建議。引導者觀看測試過程的錄影,以決定某項任務對使用者的易用性難易程度。

多數易用性測試會計量使用者在四個方面的回應:

效率—
使用者完成一項任務,所花的步驟數目與時間。

精確—
完成任務過程裡犯了幾次錯誤。

記憶—
使用者對於剛剛的體驗還記得多少。

情感回應—
使用者在完成這些任務的過程裡,有什麼樣的感覺。

一旦引導者已經決定應用程式的易用性程度後，便會使用這些特定的測試結果，來決定哪些畫面或功能會讓使用者在了解或使用上有困難。通常使用者會在遇到問題的時候大聲說出來，例如「我找不到按鈕」或「我不了解這是什麼意思」。

引導者會提出能增加易用性的修改建議。這些修改可能很簡單，只是將按鈕重新命名，也可能很複雜，例如將某些功能或資訊隱藏，以免擾亂介面或混淆使用者。放到標籤後面，或加入新的導覽清單等。提議的修改可以用簡單的清單或詳細的線框圖來呈現。

請將這些建議依修改的重要性，排出「由高到低」的順序。也可以依修改的難易度，排出從最簡單到最難的部分。由於這些建議修改要花時間與精神，因此客戶必須決定哪些修改必須執行，哪些修改可以等到下一次改版時再做。

有時客戶對於執行某些修改上會很難決定，因為有可能會延遲應用程式或網站的推出時間，或是會增加預算等。不過最好還是想辦法進行這些建議的修改，尤其是在會影響到推出時間或預算的時候。您可在應用程式需要修改之處，將受測者遇到困難的情況製作成影片，便會是相當有用的說服工具。

「經由仔細觀察玩家（或使用者），首先您應該試著
　了解問題的成因，而非只是設計出使用者想要的。」

—— 引述自Jeffrey Zeldman

　　　　Happy Cog工作室負責人與執行創意總監

"By carefully observing the player (or user), one should try to understand what caused the problem in the first place instead of just designing to what the user wishes for."

Mattias Ljungström and Marek Plichta, game designers, Spaces of Play

🔍 Psykopaint

Psykopaint是款網頁版應用程式,可以把您的照片變成藝術作品。這類工具能成功的因素,必須仰賴它處理複雜程序的能力(如繪圖)、還要簡單、有趣。早期的易用性測試裡有個重大的發現:照片上傳畫面會讓某些使用者感到混淆,讓他們無法完成自己的圖畫。

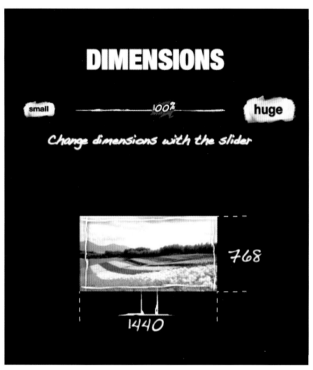

原始的上傳圖片畫面,壓在使用者上傳圖片上方的是螢幕畫面的大小。上方的滑桿可讓使用者變更影像尺寸,但畫面大小(白框)會固定不動。Psykosoft設計小組認為在影像尺寸比螢幕畫面大時,這項功能可以提供比對。

使用者認為工具會自動裁切到螢幕畫面大小,因此他們只畫螢幕上看到的地方。結果就是照片四邊延伸超出螢幕畫面外的部分,都不會畫到。

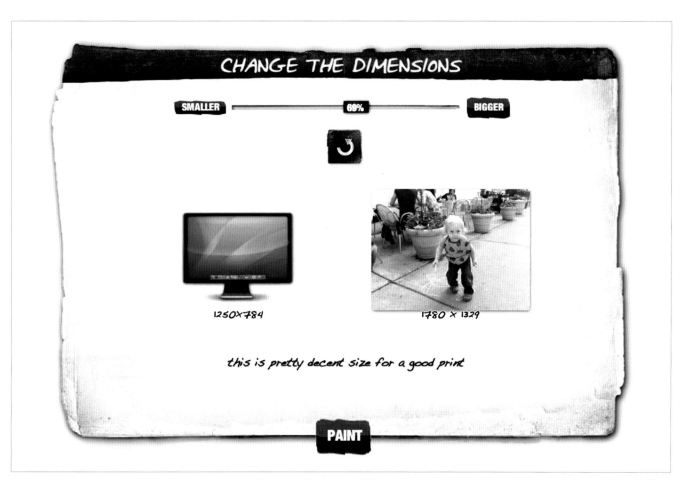

CHANGE THE DIMENSIONS

SMALLER　69%　BIGGER

1250X784

1780 × 1329

this is pretty decent size for a good print

PAINT

上傳畫面經過幾次調整後，改良了此項體驗。第一項調整是把螢幕大小與影像尺寸並排在一起，而不要疊在一起。第二項調整是把螢幕畫面改為真正的電腦顯示螢幕的樣子，真實外觀的電腦取代了之前的虛線白框，減少該工具會「裁切」照片的誤解。最後的調整則是把兩者各自的尺寸大小，放在電腦與照片縮圖下方。

案例研究－Psykopaint App（psykopaint.com）
設計者－Pskyosoft公司
所在地－杜爾，法國

啟發式分析

有時因為預算或時間限制，無法進行易用性測試，此時啟發式（或專門）分析便會派上用場，以獲得一些關於應用程式或網站在易用性上的理解。

在啟發式分析時，使用者經驗設計師扮演使用者代表。設計師藉由分析是否符合公認的易用性原則或最佳實踐，來評論網站，也稱之為「啟發法」。

「啟發法」有相當多種清單，《Internet Magazine》（網路雜誌）稱Jakob Nielsen為「易用性大師」，因為他所寫的內容或許是最常被相關人士引用與表列。Nielsen所撰寫的《Usability Engineering》一書中所描述的啟發法有以下的特點：

系統狀態可見度：

系統應該要持續維持使用者注意目前的情況，請在適當的時間提供回饋訊息。

系統與現實世界的匹配：

系統要能說使用者的語言。以使用者熟悉的文字、片語或概念，而不要使用系統為主的專有名詞說法。請按照真實世界裡的習慣，讓訊息以自然合邏輯的方式出現。

使用者控制與自由度：

使用者經常誤選系統功能，因此需要清楚的「緊急出口」標示以便離開非所需畫面，而不必透過長串的對話框才能離開。所以請支援「回上一步」與「重複步驟」的功能。

一致性與標準化：

不能讓使用者對於同一件事物卻有不同的文字寫法、狀態或動作，因而懷疑是否代表相同意義。請依據平台的習慣來設計。

錯誤預防：

比撰寫優良的錯誤訊息更棒的，便是在設計之初就小心防止問題發生。透過消除容易發生問題的情況或仔細檢查。在使用者執行動作之前，也要能給予他們確切的選項。

辨識取代回想：

藉由顯眼的物件、動作與選項，來降低使用者的記憶負擔。使用者不應需要記得從一個對話框到另一個對話框裡的內容。系統的使用說明應該要能被看見，或者在適當的時候容易取得。

使用上的彈性與效率：

新使用者看不到的「加速裝置」，可用來加速專業使用者的互動，以便讓系統可以同時滿足新、舊使用者，讓使用者可以修改常用的動作。

美學與極簡設計：

對話框不要包含無關或極少用到的訊息。每個額外的訊息元素都會與相關的訊息元素，競爭使用者的注意力，且會降低相關訊息的能見度。

協助使用者辨識、診斷並從錯誤中回復：

錯誤訊息應該以直白的語言來表達（不要加樣式），精確地指出問題，並提供具建設性的解決方案。

協助與說明文件：

即使系統在沒有說明文件下的運作比較順暢，還是必須提供協助與說明文件。這類訊息應該要容易搜尋，著重在使用者任務、列出可執行的具體步驟，而且文件不要過長。

其他易用性技術

眼球追蹤

「眼球追蹤」是指藉由測量眼睛位置與眼球移動，來測量使用者正在觀看畫面何處的技術。傳統的易用性評估技術提供的是使用者點擊在何處的資料，眼球追蹤則提供使用者在點擊之間，眼睛所觀看位置的了解能力。眼球追蹤資料在易用性評估裡，可用來了解哪些功能比較吸引目光、哪些容易造成困擾、以及哪些容易被忽略。眼球追蹤需要昂貴的技術設備，因此較少被用在易用性評估作業裡。

Ａ／Ｂ測試

Ａ／Ｂ測試最早是由行銷公司所使用的技術，使用兩種版本的相同體驗。例如將橫幅廣告、電子郵件、登陸頁面或購物車，呈現給不同的使用者評斷。使用者互動後決定選擇哪個版本，Ａ或Ｂ有較多的使用者點擊，或是達成較高百分比的銷售。最後的優勝者便會用於最終版本的廣告、電子郵件、登陸頁面或購物車。Ａ／Ｂ測試並不是用在了解某個版本「易用性更高，或為何比其他版本更為成功」的用途。

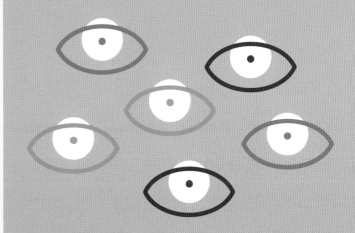

花費低廉的易用性測試

—— Gino Zahnd撰文

Seabright Studio有限公司創辦人

易用性測試實驗室的範圍，從高檔的企業實驗室，具有單面鏡、觀察室、無線A／V設備，以及多人團隊，一直到單人游擊隊式的實驗都有。我們發現小型移動設備便可提供如大型實驗室的價值，而且可以消除當人們被帶入具有單面鏡的正式實驗室時，所產生的莫名感受。畢竟若受測者覺得受測環境不舒服的話，怎麼可能會得到可靠的結果？以下便是一些小預算便能得到大成果的好方法。

團隊合作

我們幾乎都是由兩個人來執行易用性測試，一個人主持測試，另一個人進行記錄。雖然不一定要用到兩個人，但這樣可以縮短整合結果的時間，並提供額外的理解。如果預算很少，只要一些基本器材工具準備妥當的話，其實只用一個測試者也可以辦到。

工具

若是要測試桌上型的產品時，我們的「測試實驗室」設備會精簡到只剩一部筆記型電腦。Seabright主要是使用Mac系統，因此筆電都有內建攝影機。基於相同理由，我們並不完全贊成實驗室環境下的測試，也

插畫繪製—— Samantha Katz與Andy Pratt。

比較喜歡筆電內建的攝影機，因為它的侵略性較小，而且比較不會像外接攝影機那麼嚇人，人們會忘記它的存在，而專注於產品上。

我們最喜歡使用的易用性測試軟體便是Silverback，它的使用很簡單，而且可以錄下螢幕動作、受試者表情與聲音、測試者聲音等。也可以標記影片中的關鍵點，還可以用Apple遙控器來控制錄影段落。所有內容都可以輸出具子母畫面的Quicktime格式影片，可以同時呈現螢幕畫面與受測者表情。當您想以易用性模式來證明討厭的執行團隊有錯的時候，這種同時呈現的影片就變得很有用。

Silverback即時觀察的效果並不算好，但對我們來說並不成問題，因為我們更喜歡於測試結束後，在非實驗室環境下，讓更多人一起分享與觀察錄製影片，這種做法也讓大家較好各自安排自己方便的時間來觀看影片。

對使用PC的公司而言，Morae是個不太優雅，但是對易用性測試、觀察與分析，能更深入的一套工具（當然它也明顯地較其他工具貴得多）。與Silverback的價格相比，我並不會考慮以優惠價購買「套裝」Morae軟體，也就是說，Morae的軟體組合可以分開購買，您亦可藉此節省開支。

當然討論軟體的同時，一定也要把紙製原型算進來。與產品的可能使用者一對一坐下來，問一些恰當的問題，亦能提供寶貴的啟示，以幫助您的產品獲得成功。紙上測試的概念並不需要科技，而且比起面對螢幕的體驗，經常能促進更佳的討論，因為人們比較不會被紙張嚇倒。

工具並非一成不變

最後，這些工具並不是任何人買了就可以使用，就能變成易用性專家。就像任何專門職業一樣，在成為專家之前，都有許多方法與技巧必須學習。有許多方式，可以引起參加者的反應，以及構築與執行測試計劃。也有不同程度的原型與產品擬真度來進行測試。所有的環節，當然必須先知道要測試什麼。有時候，花費較高預算才能得到結果，但就我們的經驗而言，最大價值與產品的改進，都可以藉由精確焦點與高度專注的測試來獲得。只要加上一套49元美金的軟體，任何公司都能買得起。

三個有助益的連結：

http://silverbackapp.com/

http://www.techsmith.com/morae.html

http://www.alistapart.com/articles/paperprototyping/

即使網站蓋好了，
顧客不見得會再度光顧
─為體驗進行宣傳

您可以設計出令人愉悅且有用的體驗，並同時用獨特的方式符合使用者的需求，但它或許不會成功。因為若是顧客並不知道您設計了這樣的體驗，便不會知道這項產品能如何幫助他們；而如果他們無法與您的產品有情感上的聯繫時，他們可能就不會前來造訪您的網站或使用您的App。

成功的專案不只是要作出有用、可用以及符合使用者與客戶需求的產品。您還必須將此項體驗行銷給顧客，讓他們知道這項產品的存在，並解釋這項產品將如何幫助他們，最終能營造一個情感的連結，連接您的使用者與您所設計的產品。行銷所扮演的角色是在替您的品牌（已經設計出來的產品）與目標族群（您的使用者）之間產生對話，以傳達設計概念、觀點，以及為何您的產品值得使用。

🔍 ALO飲料

ALO公司生產了一款同名的美味飲料，並推出新活動來讓自家產品與蘆薈汁市場的競爭者區隔開來。他們的市場定位很簡單─在顧客的健康上扮演更為積極的角色。他們了解自己的目標客群，是一群以透過運動、瑜珈、飲食節制，來經營健康生活的人。也了解不能只是賣飲料，還必須販賣與行銷一種「體驗」。

文接186頁 ⏎

Drink.

Goodness From Inside Out™.
When you close your eyes and
listen to the sound of millions of
rain drops, you'll end up with
something resembling the
goodness inside this bottle.
Like a bright flower after a storm,
our all natural aloe vera juice and
pulp plus ALOtones™ bring
a positive boost to your body's
karma. All great things start
somewhere. For us, it starts
straight from the leaf
and that first rain drop.

Free music for your mind.

Scan the code or TXT "ALOtonesXt" to 222333.

ALOtones™

Listen.

New Leaf (ALO Exposed) ALOtone

ALOdrink.com
ALOtones™ : Free music in every bottle

alō

alo
EXPOSED
ORIGINAL + HONEY

Aloe Vera
+

Free music i

www.YourFBpage.com

SocialMedia

Write something...

ALO Drink Presents:
New Leaf
(ALO Exposed)
ALOtone™
m.ALOdrink.com

ALOtones bring Goodness From
Inside Out™. Enjoy free music mixed
for each flavor, inside every ALO Drink.

Share

Share.

↰ 續接184頁

他們的廣告標語是「從內到外的美好」，代表他們承諾只使用天然成分，盡可能製作最好的產品。而在紐約Agency Magma公司的合作下，ALO想要在瓶子裡加入其他成分。這項成分並不會改變口味、配方或顏色，但是將改變喝飲料的體驗。他們加入的最新配方便是「音樂」。

這種音樂稱之為ALOtones（ALO音調），特別為各種口味而設計。產品標籤上的QR code，可以讓顧客掃瞄、聆聽、下載與分享。未使用智慧手機的顧客，則可用文字簡訊傳送訊息。

ALOtones是相當強而有力、能激起情感的成份，提供很有效的行銷「鉤」。藉由將數位化放入傳統產品中，新的體驗於焉建立，並且優於任何產品本身所能提供的內容。

案例研究－ALO飲料（alodrink.com）
設計者－Agency Magma
所在地－紐約、紐約州

貿易展攤位鼓勵人們花點時間，坐下來，一邊聽音樂一邊試喝各種口味。

ALO瓶身設計

ALOtones行銷體驗

1. 掃瞄   2. 下載   3. 聆聽   4. 分享

理智VS.情感

—— Michael Ferrare撰文

　　Agency Magma公司創辦人

人們購買您的品牌是基於理智或情感的決定呢？請看下方的襪子，左邊便宜的長筒襪，跟右邊較貴的設計師襪一樣，可以提供相同的功能性。兩者都是棉織布料，具有多種顏色，將來會穿破的耐久度也應該是一樣的。如果只是簡單想要一雙襪子的功能性，應該會理智的購買A襪，然而，如果消費者想要找可以代表個性的東西，可能就會選擇比較高價的設計師襪。B襪價格較高的原因，因為它加上了設計過的「情感」層次。

您想讓自己的品牌被認定為理性的選擇，或藉由認定來抵達消費者的情感層面呢？市場到底需要何者？兩者都沒有對錯，畢竟品牌的一致性是至關重要的。

建議閱讀：

《Duct tape Marketing：The world's Most Practical Small Business Marketing Guide》，John Jantsch 著，Thomas Nelson Inc.出版，2011年。

《Marketing in the Age of Google》，Vanessa Fox 著，John Wiley & Sons, Inc.出版，2010年。

選擇A
$2.00美元

選擇B
$16.00美元

插圖繪製——Michael Ferrare

網路如何改變了行銷

過去20年間，行銷在音樂與出版產業之間，歷經了重大的改變。網路已經造成全新形式的行銷，以及全新的商業模式。

隨著網路廣告以橫幅廣告、付費搜尋結果、Google關鍵字廣告等形式的引進，行銷人員開始可以使用全新的方式，追蹤他們的活動成效。在網路時代之前，最常用的廣告活動成效判斷方式，便是透過問卷或焦點群組，也就是詢問顧客他們是否記得某個廣告，以及他們覺得廣告如何。而在網路時代裡，我們可以準確地知道顧客是否看到某個廣告，若他們點擊該廣告，有多少顧客會在點擊之後，完成商品的購買行為。

行銷人員開始會依賴這些資料來決定行銷活動成功與否，藉此修改活動細節，讓它變得更為有效。也可藉資料了解顧客的習慣，以便讓未來的行銷活動更接近這些人，這類資料等於完全改變了行銷市場的前景。

特別是「網路搜尋」，開啟了行銷的全新管道。根據《Marketing in the Age of Google》一書的說法，美國人每分鐘執行兩千九百萬次的網路搜尋。Google主要的營收來源，來自搜尋結果裡的「相關廣告」，以及「關鍵字廣告」。一般企業會付錢讓自家的產品，在使用者搜尋某特定關鍵字詞結果時，出現在最前面。

搜尋引擎優化（簡稱SEO），是指改進一個網站在未付費（也就是一般狀況）下的被搜尋結果。由於有越來越多的網站推出，因此有越來越多的使用者依靠搜尋引擎找到想要的東西，SEO也因此成為有效的行銷工具。SEO對於使用者找到您網站的能力，是相當重要的。

對互動設計師來說，了解基本的搜尋引擎優化也相當重要。不過這也有點弔詭，因為搜尋引擎會不斷改變它們的演算法（也就是如何分類與排名網站），因此最好要能優化SEO的變動。總之，搜尋引擎跟主題性與重要性相關。主題性是指網頁與使用者搜尋內容的關聯性與接近度。而重要性或排名，則代表該網頁的價值對使用者的顯著程度。這項組合是用來決定哪個網頁會出現在搜尋結果上，亦即這些項目呈現的順序位置。設計網頁的時候，考量搜尋引擎所決定的主題性與排名，是至關重要的事。

行銷上另一個重要的環節就是「定位」，讓使用者知道您的產品如何與競爭者不同。行銷便是關於界定差異，並傳達給潛在顧客的一整件事。

好的行銷不能只讓人們知道您的存在，或是有一個新網站或新App而已。好的行銷要能以一致的訊息或價值主張，將品牌與顧客連結在一起。這種一致可以轉換價值主張為經歷時間的共鳴，並且會讓您的顧客有延續的深刻印象。

同樣重要的行銷概念，便是「要如何」與「在何處」把訊息傳達給顧客。這有點像是您在本書前面學過的「以使用者為中心」的設計，了解顧客到底是誰，是相當重要的一件事。知道關於顧客的細節，可以協助決定到底要使用何種語言，也才能清楚傳達訊息給他們，並且能知道他們在日常生活中，到底在何處時，最願意接受並聆聽產品的相關訊息。

現代的行銷仰賴搜集消費者資訊，例如人口統計上的年齡、收入水平、教育程度、他們的消費習慣、常去的地方等，以描繪出潛在消費者的樣貌，然後做出「如何與他們溝通，以及在何處傳達訊息給他們」的決策，這種「如何與何處」所代表的東西，通常指的是媒體。

舉例來說，針對醫生進行的行銷活動，一定跟針對病人的行銷活動不同。原因之一便是病人的數量絕對比醫生要來得多。醫生使用的是特別話術，相較於病人，醫生通常會對不同的產品觀點感到興趣。傳達訊息給醫生時，也需要用跟病人不同的方法或媒體。病人可以透過電台或電視來傳播，而醫生可能就需要在商業雜誌登廣告，或直接寄電子郵件、打電話來傳播訊息。

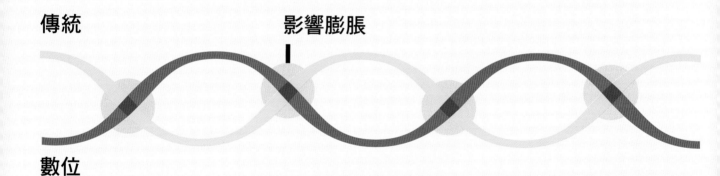

傳統

影響膨脹

數位

把傳統與數位媒體活動一起執行的話，行銷人員通常會發現行銷活動在表現與效率的提升，在本質上像是一種「膨脹」後的結果。為了要讓這種「膨脹」產生，互動與行銷部門便需協同合作。這點聽起來雖然簡單，但部門間通常各自為政，容易錯失更多產生影響的機會。

何謂行銷？

行銷便是商業與世界之間的介面。行銷清楚傳達產品的五個WH（誰、什麼、何時、何地、為什麼）給潛在的顧客。若一家公司可以了解這些細節，那就表示他們了解自己的「品牌」。"

行銷提供企業語彙及工具，用來溝通說明自家的產品與競爭者的差異，並藉此傳達產品價值給潛在顧客，前提都是為了鼓勵情感上的連結。

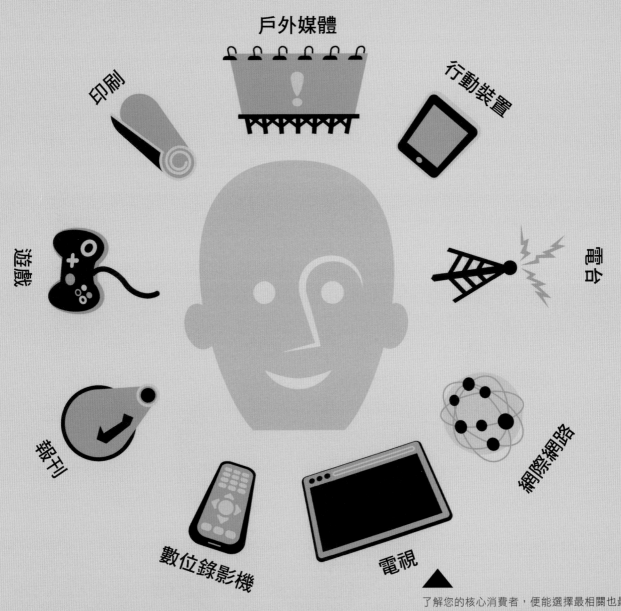

戶外媒體

印刷

行動裝置

遊戲

電台

報刊

網際網路

數位錄影機

電視

了解您的核心消費者，便能選擇最相關也最有效的類型、媒體與接觸點。

插畫繪製——William Ranwell

贏得忠誠度

行銷人員區分媒體的方法之一，便是「要錢」或是「免錢」，其差異相當簡單。付費媒體是由行銷人員所購買，而且這是有所保證的。舉個付費媒體的例子，便是雜誌上的付費廣告。雜誌社收取一期6000美元的單頁廣告（根據資料），便可保證傳達給在統計量裡相當比例的人。換句話說，付出多少便獲得多少。

無償媒體的關注並無法保證什麼，反倒像所謂的「公民媒體」或「社群行銷」，其實是有點紛亂的。無償媒體便是大家會直接傳給朋友的一些故事文章，您可以透過追蹤或研究人們會拿它來做什麼，以觀察自己的行銷想法所獲得的關注：顧客會分享您的網站嗎？有理由讓他們為您這麼做嗎？

社群網路已經為行銷人員增加一堆新的機會，像Facebook、Twitter與YouTube等平台，相當便於消費者分享行銷訊息。行銷人員與客戶開始了解到，可以透過社群管道「直接」連結到觀眾的價值。有越來越多的網路活動變成了社群體驗，例如社群購物、社群觀賞活動與社群合作等。

同行推薦加上連結社群網路，讓想法傳達的速度比以往任何時刻都快上許多。不過品牌使用社群媒體時，必須小心謹慎。顧客必須認同品牌或產品，才能讓他們想要連結、分享或討論您的產品。您真的想聽銀行要說些什麼，或是當地殯儀館跳出來講話嗎？

當您行銷某項體驗時，加入「行銷鉤」是很重要的，因為可以鼓勵顧客分享您的活動。選擇使用社群行銷

的客戶，必須全心全力的進行，因為回應停滯或停止活動的部落格，是最糟糕的事。無償媒體是用來博得消費者的忠誠，而這點需要能保證提供他們一些特別的，或是有用的東西。

行銷的終極目的便是品牌忠誠度。當行銷訊息誠實，且能清楚傳達您設計裡的真實價值與優點時，顧客便會信任您的品牌，進而變得更為忠誠。他們甚至會在下一項產品裡，不選競爭者而選擇您的產品，原因很簡單，就是品牌忠誠度，因此您必須花時間來建立。

權衡的優點

—— Will Carlin撰文
VShift公司管理合夥人

行銷通常就是一種權衡，我們想要盡可能讓更多人知道，但是經費有限。想要讓您的廣告說出所有關於自己的事，但是空間有限。想要讓人們記得您，但您只有一點點出現在他們面前的機會。

權衡並非一昧的妥協，而且有時它甚至能強化注意力。越少的預算越需要對目標族群的了解：他們是誰、常去哪裡、他們在做什麼呢？一旦了解這些，也了解您的經費預算後，便能了解到底要嘗試幾次，才能追上他們。

接著，想當然耳，設計就要介入了。不論您要透過電子郵件、橫幅廣告或短片廣告，甚至透過真正的郵差、電視廣告來接觸觀眾，都必須要化繁為簡地讓人了解，而且，要讓人「印象深刻」，好嗎？

這就是為什麼做設計的要跟作行銷的人一起合作。想要正確的訊息、正確的設計、或正確的形式，在正確的時間、正確的地點，傳達給正確的人，您便需要詳細的規劃，並把一切記在心裡，以便讓這麼多個「正確的」湊在一起執行。

關注、了解與適應

現在您已經了解在設計過程裡,把使用者結合進來的強大威力——知道他們是什麼人,並且考慮了他們的需求。設計並建立符合真實人們、真實需求的應用程式或網站,不只是有用的設計哲學,也是很令人滿足的一件事。您可能讓使用者的生活更方便、工作也更為愉快。也可能因為減少他們平常執行特定任務所花費的時間,進而讓閒暇時間變多了。當然您也可能給了他們一項令人振奮的新產品,而那是他們從沒想過自己也會需要的。

您額外花在了解使用者身上的時間,是相當值得的。而一路上將使用者結合進設計過程的做法——從最早的使用者研究,到最終成品的易用性測試等,對做出重要設計決策而言,都是相當值得的。但我們要如何知道這項產品,是否能通過「時間」的考驗?

人們使用工具與應用程式的方式與時俱變,他們越使用這項工具,便越了解與接受它,他們甚至會找到新的使用方式,並且在新的地點使用這項產品。

當汽車初次問世時,看起來就像是個豪華的怪物,因為它很貴、很複雜,並且需要特別的訓練與知識才能駕馭。道路原先是設計給馬使用的,汽油也不是那麼方便取得,人們害怕這麼快的移動速度等。早期的汽車看起來更像是他們當時被叫的稱呼:無馬的馬車。但是看看現在的汽車吧,它們質地光滑、速度快,配備GPS、衛星廣播、ABS剎車科技、動力方向盤等。過去幾十年裡,汽車的設計更是日新月異的改革。

這項改革分成幾個步驟——需要有亨利福特這樣的創新者來大量生產汽車,並且把價格壓低到大家都買得起。道路與加油站的普遍設置,讓汽車可以獲得更多使用者。不久之後,汽車就從奇怪的東西變成有用的工具,而且最後還變成大家渴望的設計品。

🔍 Spirits App

Spirits(精靈)是個由Spaces of Play遊戲公司所作,在iPad、iPhone與Mac平台上的動作解謎遊戲。使用者要藉由四種不同動作(吹、挖地道、用樹葉搭橋或擋風)之一,來嘗試移動他們的精靈到目的地,概念雖然簡單,執行起來卻相當漂亮。

文接196頁 ⌐

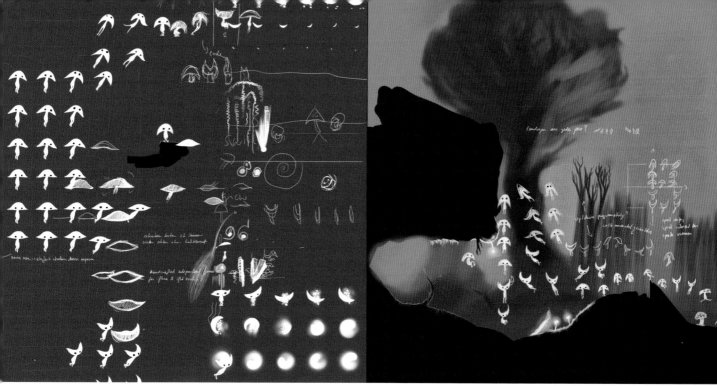

「精靈遇到風的反應」畫面

↰ 續接194頁

推出遊戲一陣子之後，設計團隊藉由觀察使用者情形，而決定做一些重要的調整。其中之一是便是遊戲核心機制的風，應該如何實施？遊戲剛推出的時候，精靈會從陡峭的邊緣躍入空中，並且被風帶著走，但使用者似乎不明白這點。

相反地，使用者會做出吹的動作，錯誤的假設這些精靈會由平地被吹向空中。因此在新推出的版本裡，設計團隊決定讓精靈可以從平地被吹向空中。這樣不止符合了使用者的期望，而且還能加速遊戲的進行，因為不需要再等精靈抵達邊緣。風不光能運送精靈從A點到B點，還能讓他們活動起來。他們會舞動、漂浮，建立出既輕鬆又夢幻的氛圍，就像精靈本身該有的樣子。

您可以在iTunes商店找到Spirits這個App。

案例研究－Spirits App
設計者－Spaces of Play遊戲公司
所在地－柏林，德國

數以百萬計的使用者開始使用汽車，而且想要擁有汽車。而且人們還發現更多汽車的用途——從使用卡車來載貨，到公車承載多人進行長途運輸等，汽車的變革開始加快。這些變化有大有小，從科技到設計都讓我們更瞭解也更喜愛汽車。

互動系統如網站與應用程式，也以同樣的方式產生變革。在最早的電腦上進行資料輸入時，必須插入一張打著小洞的卡片到機械裝置內，讓它將這些小洞轉譯為1與0。現在我們則使用鍵盤、電腦滑鼠、觸控螢幕以及語音辨識軟體來輸入；最早的電腦使用類似於舊式打字機的機器來呈現資訊，而現在電腦資訊的呈現方式則可透過螢幕上的3D電腦圖像，呈現數百萬種顏色並伴隨著音效，甚至可以產生震動；第一台電腦的真空管塞滿了整個房間，而現在我們可隨身攜帶效能強大、處理能力高過早期千倍的電腦，而且就能放在口袋裡。

短短半個世紀內，電腦的設計演變產生很大的進展。那麼至於您所設計的產品，比如網站或應用程式又有甚麼變化呢？

當年所推出的Facebook網站，是給大學生相互聯絡，分享照片之用。現在的Facebook使用人口已接近十億人，新功能也會根據逐漸成長的使用者族群與網站間的互動，不斷加入、測試以及更新。在問世的短短幾年裡，有許多新加入的功能，包括遊戲的能力、錄製與分享影片、即時傳訊給其他使用者，評論其他使用者的狀態更新等。現在的Facebook不再只是一個網站，它還是一個可以在其他行動裝置、電腦或甚至從其他網站下執行的一個平台。

Facebook持續觀察使用者的行為，同時也會觀察競爭者，看看別人提供了什麼新功能。藉由持續加入使用者回應的做法到設計流程裡、觀察使用者如何與自己的網站或其他競爭網站互動、持續了解他們想要的新東西，並調整以迎合使用者的需求。Facebook在不到十年的時間裡，已獲得長足的進步，也持續進行改革，維持成功，因為它必須一直站在使用者這邊。

事實上，所有成功的互動產品，在最初的產品推出以後，都還能持續讓使用者保持在設計流程的中心。他們是如何在產品已經推出之後，還能加入「以使用者為中心」的做法呢？藉由持續觀察自己的使用者以及競爭者的做法，藉由了解新的使用者行為與新的使用者需求及渴望，並以最簡單、最容易使用、也盡可能優雅的方式，進行調整以迎合使用者的需求。

「對設計師而言，參與產品設計的每一刻都是最重要的。不過或許產品推出後，才是最關鍵的時刻。」

—— 引述自Khoi Vinh

Mixel公司共同創辦人、Subtraction.com部落客

"The most important time for a designer to be involved in a product is all the time. But after launch is perhaps the most critical time."

Khoi Vinh, cofounder, Mixel,
and blogger, Subtraction.com

階段性功能

觀察、理解與適應以迎合新使用者需求與目標的第一個步驟，便是要確保在您為使用者的設計產品裡，有足夠空間讓他們想像新東西，讓他們喜歡產品所能為他們做到的事。這是個有點棘手的概念：您想推出一個感覺完整的產品核心功能，並提供使用者一個易於了解的故事，然後告訴他們這項產品能滿足什麼需求。但您卻不能把故事講得太仔細，使他們無法想像使用產品的新方式。因此，當設計團隊了解產品如何被使用，也了解使用者想說的新故事時，新功能便隨著時間分階段推出。

舉例來說，當Flickr推出的時候，它的核心設定相當簡單：上傳照片並分享給其他使用者，讓別人可以在照片上留言。Flickr剛開始是個簡單、公開的照片分享網站，所遺漏的功能比他們所加入的功能更為重要。不同於Flickr的思考概念，使用者的照片可能會分享給其他不認識的使用者，只要加入追蹤就可以觀看了。Flickr鮮少著墨於其他競爭網站具有的邀請家庭成員或朋友來觀賞照片的功能。而且不提供照片列印或製作相簿的功能，也沒有將使用者鎖定在傳統照片分享方式的情境。Flickr在早期產品中，確實留下許多開放空間，讓使用者想像各種運用此網站的新方式。

而Flickr的使用者確實這麼作了。他們使用Flickr分享照片給其他陌生人，為其他使用者提出攝影建議，並基於分享攝影興趣而建立社群連結，去認識這些從來沒見過的人。不久之前Flickr的使用者才透過即興聚會（ad-hoc meetup），讓陌生人彼此相見，一起進行攝影外拍。

當使用者想出新的使用方式，以及數位攝影的新方法時，Flickr便加入新的階段性功能，以符合變動的需求。Flickr增加可以將其他人的照片加入自己相簿的功能，因此使用者可以將喜歡的Flickr照片作成合輯。他們也新增在照片加上標籤與註解的能力，讓使用者替照片提供關於構圖或技巧的攝影意見。甚至還加入上傳影片的能力，不過他們將這項功能稱之為動態照片，以維護並強調Flickr的核心訴求。

Flickr適應了不斷變動中的使用者需求，倘若他們將使用者鎖定在過於具體的功能範圍內，就會因為無法讓使用者想像新的Flickr使用方式，而沒辦法完成這些改變。Flickr當初推出的是簡單的功能，就像是一則情節簡單卻開放的故事——仍舊可以吸引使用者並引起反應，但是結局卻留下無限可能性。然後當使用者找出想在這個網站使用的新玩法後，Flickr便陸續推出新功能。

換句話說：不要一次就推出所有功能，要留點調適的空間。

"Sometimes, the simplest tweaks can yield huge results...There is always room for improvement. Always be on the lookout for simple and inexpensive things you can do to provide a better user experience."

Jon Phillips,
website and UX designer

「有時候最簡單的微調，就可得到顯著成效…總是會有改進空間。持續尋找您可以辦到的簡單且不昂貴的作法，以提供更棒的使用者經驗」

—— 引述自Jon Phillips
網站與使用者經驗設計師

觀察使用者所做的事

那麼要怎麼得知新使用者的需求與渴望？如何在使用者在使用您的產品時，得知他們心中所想？

請從觀察他們在做什麼開始。目前他們如何使用您的設計？網站的哪一區是他們最常造訪的？或最少造訪的？哪幾種內容是他們觀看的或聆聽的？網站的哪一區會讓他們著迷？或是有任何表格、購物車、流程，似乎在使用上有困難？

有很多方法可以看到您的使用者正在做什麼，這些方法已經在書中討論過——從焦點群組到問卷、從人口統計學研究到易用性評估等——都仍然適用，而且也是了解使用者正在做什麼的強大工具。不過一旦網站推出之後，您便有了另一種可以掌控的強大工具——流量（metrics）。

網路的一個更為強大的面向，便是可以透過「追蹤」來了解個別使用者的使用情況。這些使用者流量分析，可以讓公司了解大量的使用者行為，包括他們點擊什麼、造訪哪個網頁、某特定頁面停留時間多久？他們從哪個頁面離開網站等，這些都是可以追蹤的流量分析。雖然它們不能讓您瞭解使用者的想法或需求，但卻可以為您指出正確方向。若從使用者的流量分析裡，發現他們會在某個特定步驟跳出購物車，或許您就需要執行一次啟發式評估，或針對該步驟進行易用性測試，以觀看使用者可能中斷行為的原因。

推出網站後，請從這些流量分析開始，接著加入焦點群組、問卷調查、人口統計研究，甚至易用性評估等，以了解更多內容。

觀察競爭者的作為

另一種了解使用者渴望與需求如何轉變的好方法，便是觀察您的競爭者，以便了解他們提供了哪些新功能。這點可以讓您理解使用者的感知如何轉變，以及他們可能想要什麼或不想要什麼。

社群網路Google+，也就是Facebook的競爭者之一，推出了一種可讓使用者將聯絡人區分群組成為「社交圈」。使用者可以傳送更新訊息給社交圈裡的群組聯絡人，而不必傳送給所有人。由於這項功能引起廣泛討論、部落客瘋狂轉載，進而讓Google+在幾個月內增加數以百萬計的使用者。社交圈的功能甚至讓大家覺得Google+或許會成為潛在的Facebook殺手，不過在Google+獲得如此的關注後沒多久，Facebook立刻加入了使用者群組的功能。

Facebook觀察自己的競爭者，從中了解到基本盤使用者的新需求是什麼，然後調整改進以符合使用者的新需求。

加強現有體驗以迎合使用者的新需求

然而Facebook並非只有抄襲Google+的社交圈，他們還建立自己的聯絡人群組方式。Facebook的群組雖然不像Google+的社交圈功能那麼強大，不過他們的使用方式非常簡便、容易設定，同樣能符合使用者需求。Facebook在一開始是根據觀察競爭者的內容，接著繼續開發以符合使用者的渴望與需求。公司會緊密觀察自己的使用者與競爭者，以協助決定到底有哪些需求與渴望，但前提是不能抄襲。

觀察競爭者以了解改變中的使用者行為，算是一種學習，並不算是拷貝設計或功能。只拷貝競爭者的功能，通常沒有什麼幫助。加強或自訂新功能，以便更貼合自己特定的使用者需求，才是最重要的事。一旦透過觀察使用者、觀察競爭者，而了解使用者想要的新功能後，能夠持續地針對客戶的業務目標、是否符合客戶目標的成功流量分析、設計所本的行動裝置平台與品牌進行思考，以及針對如何持續引導、激勵、吸引使用者，還有對所有在設計過程收集到的其他資訊進行思考，仍然是相當重要的。

新功能應該永遠是開放性的，可以經過事後思考的方式添加，或是用於競爭壓力的回應。在各個階段加入的任何新功能，都應強化現有設計的整體體驗。也應該要能優雅地融合進現有故事中，加入用途與樂趣，再藉由您所設計的體驗傳達給使用者。

設計過程不曾真正結束

—— Damien Newman撰文
　　Central公司執行長

設計過程從不曾真正結束。從最早階段的觀察、理解與開始了解要設計什麼、要做什麼樣的原型、開發什麼樣的互動體驗…等,這是一個持續參與的循環。設計通常就會引起部分的組織改革,所有專案都是協同合作且需要組織內的許多資源的支持及參與,以便形成設計方案的實體組合。因此建立設計方案後,還有許多要完成的事,才能讓產品順利推出。芬蘭的赫爾辛基設計實驗室稱此過程為「設計責任與管理」(design stewardship),在實驗室中,設計師必須「參與、提供專業回應,來界定、測試並傳達可接受的方案」。這也是我們在設計過程中,與客戶一起完成的實際內容,特別是其中一位客戶Urban Re:Vision(城市新願景),我們已經一起合作了很多年,開發並改進產品與策略,如同在協助他們重新推出與成長一樣。我們運作過的這些產品,範圍從最終導引以規劃與管理Re:Vision研討會,一直到內含1000張照片的書,以及推行非營利組織活動的研習營等等。

一開始Re:Vision是個非營利組織,目的在幫助社區以完整體系規劃來重新改造自己,他們在三年前來找我們幫忙設計一項專題研討。這項包含79個人的活動事件,旨在希望舊金山市長辦公室能夠重新設計本地市區民眾中心。

Urban Re:Vision專案室內部,裡頭是在開發研討會所需工具組時,所進行的相關研究與靈感發想。

不確定性／模式／分析

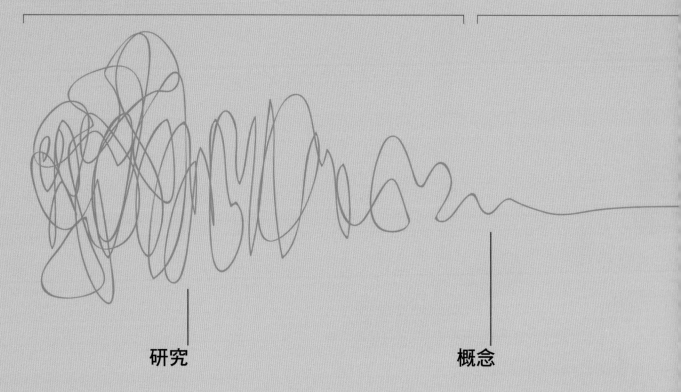

研究

概念

從那時候起，在設計與傳達他們的服務之一時，開始了第一手的體驗。我們開始努力的協助他們清楚表達核心訴求，並開發讓他們可以販售的產品。去年我們曾做過的一項產品便是開發推行Re:vision研討會的完全指南。這點牽涉到把不同的社區份子結合在一起，包括建築師們、開發商、市政府官員，以觀看網站的重新設計，並讓在這些社區的人們，透過以人為中心、完整系統的作法來設計。請想像成Buckminster Fuller（富勒、美國哲學家、建築師及發明家）設計

科學，加上仿生研究所的仿生解決方案。我們幾乎研究與了解所有關於在工作坊裡改變人們、協助大家的做法。也學會如何分解Re:vision的組織架構，以便把設計轉化為可操作的練習。這種做法就像是在專題討論裡面有一個小組，專門在想像所有未來可能的、拖延的、好的或未注意到的失敗，會發生在城市的哪個特定區域。另一項活動則包括要建立一個在城區裡某個時刻下，縮時攝影的小故事，以結合整個群組建立出來的所有想法與理解。

清晰度／聚焦

設計

我們已經建立一個完整版本的原型，以便在真實世界使用，並觀察其運作情形。我們與Re:Vision合作，選取一位夥伴來測試研習營指南，他立刻熱情回應，並建議我們跟他們一起到海地進行，以協助當地重建的努力。因此我們將與Re:Vision與他們的夥伴一起，真正地帶領研習營到它可以作出最大貢獻之處，以便了解我們要如何調適，並改進我們的初始原型，讓它變得更為成功。

就我們而言，我們可以縮短設計過程（如設計草圖所示），雜亂繪圖裡平整的末端，便是專注於精進的單一概念，並以早期的步驟來傳達某些事，實地測量回應——這是真實的人們，真正掌握在手中的東西。由於我們就在旁邊，可以觀看人們實際使用一些東西，所以便可知道哪些事情，應該或可以立刻作出調整。D-Rev是一家當地的灣區產品設計事務所，專注於社會創新。它很巧妙地描繪設計過程成在傳達之外更進一步，成為了縮放與測量，也就是過程裡的兩個重要部分，以確保一致的成功。也就是在當地，在所有做過的研究、設想與想像會發生什麼之後，到底真實情況會不會依照您所想樣的情況進行。

插畫繪製——Damien Newman

展望未來

我們希望各位覺得本書對「使用者經驗設計（UXD）」與「以使用者為中心（UCD）設計」的練習方面，是有用的介紹。我們嘗試從源頭（效能的研究）探索使用者經驗設計的歷史，也從人性、電腦互動，探討到當代設計師可運用的多種不同工具。這些工具的範圍從人類統計學研究技巧到易用性測試等，以便設計成功的使用者經驗。設計師使用這些技術來專注於那些將會使用他們所設計產品的人，其所要的需求與渴望。

我們已經表明得很清楚，符合真實人們需求的設計，是個強大和充實的設計理念，形成焦點明確的設計過程，並在最後產生更好、更實用、更成功的設計。

我們已經帶您走過整個UCD流程——從了解客戶需求，到界定成功的流量分析標準，一直到了解競爭者與使用者等。我們也探討了為不同平台進行設計的機會與限制，以及導引、激勵並吸引您的使用者，測試並行銷您的設計，並在推出之後仍舊繼續進行修改。

一路走來，我們也呈現許多有用訣竅與技巧，讓您能夠運用UCD到自己的設計流程中。同時介紹了許多現今設計師的絕佳範例，他們將這些流程作為常用基礎，設計出令人印象深刻的、愉悅的、成功的、以及有用的產品，如此精確成功的要素是因為確切掌握了使用者的需求。

🔍 Window to the World（世界之窗）

歐洲豐田汽車（TMW）與丹麥哥本哈根互動設計學院（簡稱CIID），合力以概念化的新方法，為汽車乘客打發了長途旅行的無聊。

文接210頁 ⌐

在歐洲豐田汽車關於開發可能性的腦力激盪會議

↰ 續接208頁

Toyota的「世界之窗」將一般的汽車窗戶，轉變為未來式的智慧型窗戶，讓乘客可以探索、遊戲與學習沿途經過的景物。這張互動、透明的畫布，不只讓乘客可以用手指頭畫畫，也可以顯示經過景物的資訊（例如名稱、距離）。使用者也可以用手勢夾住後，放大觀看細節。

這類專案改變了人們對於互動的期待，包括其屬性與能做的事。然而，某些方面依舊是維持不變的。例如「背景」依舊是很重要的。在此專案中，舉例來說，這樣的智慧型窗戶如何依旅行環境而呈現不同的變化，公路、鄉間小路或忙碌的街道，會有什麼不同的做法呢？

欲觀看此段概念影片，請上YouTube搜尋「Toyota Window to the World」。

整合研究成果

案例研究－Toyota & CIID世界之窗
設計者－哥本哈根互動設計學院、歐洲豐田汽車感性設計小組

使用者經驗設計的專業性，在近年來已呈爆炸性的成長。隨著網際網路，以及Mosaic與Netscape瀏覽器在90年代中期的問世，具備經驗與才華的互動設計師需求，幾乎也呈指數性的增加。電腦也從高階訓練技術專家的領地，以及早期採用的愛好者手中，逐漸變成從祖母到學生，都擁有的好用且無所不在的工具。而隨著演進，從桌上型到筆記型到口袋型，到電視螢幕與各種裝置，以及更多地方的存在等，都讓它們變得更無所不在、更有用、更成為人們生活裡的一部分。然後也變得更重要，更值得信賴。

我們越來越常使用電腦迎合日常生活裡不同的需求與渴望——從付款到尋找娛樂、從決定去哪裡吃飯到跟朋友與親人保持聯絡。電腦可以替您導航，也會給您新聞。無論身在地球何處，它們都可以提供有用的資訊，使我們能以嶄新且令人興奮的方式表達自己。它們吸引著且娛樂人們，而我們也期望它們運作平順、簡單且不花什麼力氣就替我們辦好這些事。我們還期望自己的電腦簡單好學，使用起來最好就像汽車、電視與電話一樣。事實上，我們期望它們能無縫地且在不被察覺的狀態下與汽車、電視、電話與其他傳統技術相結合，以加強這些技術，來迎合需求與渴望。

在許多情況下，電腦變得難以察覺，但卻持續運作着。當我們伸手進口袋拿出手機，試著尋找餐廳或傳訊息給Facebook的朋友時，我們不再會意識到原先設計給電腦使用者或其他設備螢幕的使用者經驗，但這的確是相同的。互動設計無處不在——只要有可以與我們互動的螢幕所在之處，甚至是一些沒有螢幕的物品，例如信用卡或如Nike Fit或Fitbit這類個人資料收集設備即可。互動設計可以出現在我們的電腦、筆電、電話、電視、平板電腦、汽車、飛機椅背、提款機、相機、家電設備、手錶，甚至連我們的信用卡都內建了智慧晶片。

在這五十年間，本來需要填滿辦公空間的電腦，已經縮小到適合我們的手腕來使用。而適合手腕佩帶使用的這些裝置，其處理能力也比過去那些古董親戚們要快上許多。網際網路問世到現在也才不過短短的十五年。從那時開始，網站、使用者均呈爆炸性成長。使用者有不同的方式進行連接，以執行網際網路不斷增加的功能與威力。現在有越來越多人是透過行動裝置來上網，而非透過傳統的電腦上網方式。這還只是剛開始而已，下一個發明會是什麼呢？十年前還沒有YouTube、沒有Facebook、沒有iPod、沒有Android系統的電話、沒有平板電腦等。所以接下來的十年，我們將會看到什麼呢？

互動設計在二十年內已經有了根本上的改變，也會持續變化下去。隨著一年一年過去，會變得越來越不同，也越來越複雜。

電話變成遙控器、平板電腦變成電視、電視又變成電腦、電腦又用來打電話，這真是太奇怪了！

出現更多的螢幕在新的裝置上

網路與連接上網的電腦到處都是，從我們的桌上到口袋裡都有。每天都有不同形態元素的新設備投入市場，不同大小的螢幕與感應器，提供不同組合的功能。而增強現實技術可讓設計師將資料帶入現實世界上，GPS可以讓裝置持續知道自己的所在位置，RFID（無線射頻辨識）、Bluetooth（藍芽）與無線技術，可以讓這些設備彼此交談並搜集資料。

您的下一個螢幕會出現在何處？手錶上？眼鏡上？汽車擋風玻璃？我們並不知道，不過不管外型因素或功能設定如何，一位使用者經驗設計師，都需要把軟體設計成有用且令人愉快的。

趨勢

90年代末期，沒有人可以預見社群網路的吸引力與能力。沒有人可以透過他們的數位水晶球，看到行動網路或智慧型手機的強大威力。當然也想像不到年輕人可以用Android手機更新Facebook動態消息，並且登入Foursquare成為當地咖啡廳的地主（mayor）、發訊息給朋友、在等朋友時玩玩憤怒鳥之類的小遊戲打發時間。

如果我們假裝可以從現在所處的點，了解接下來在互動世界的未來發展，應該就像是癡人說夢。不過我們可以秀出一些自己看到的新興趨勢，並猜測相關可能性。換句話說，我們正在這麼說夢呢。

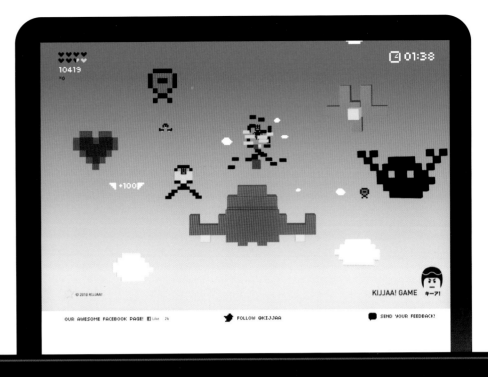

🔍 Kijja!

kijjaa!是個八位元形式的桌面網路遊戲，可以使用iPhone或iPod touch變成遊戲的控制器。下載此App之後，使用者輸入網站上面找到的密碼，便可以準備開始戰鬥。遊戲完全利用了行動裝置內建的加速度計和陀螺儀，可以產生真實回應的體驗。

Kijjaa!創辦人Grisha Sorokin，某晚坐在辦公室裡得到了這個主意，想到以電話遊戲的未來。他把手機拿在手上並開始翻轉，然後Kijjaa!就誕生了。Grisha表示，他很期待在未來看到更多這類整合型的體驗。隨著行動裝置擁有者數量的不斷攀升，技術方面的進展，可以為大家提供相當優良的發明環境。

請到iTunes商店下載Kijjaa! App。

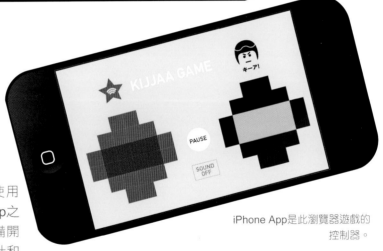

iPhone App是此瀏覽器遊戲的控制器。

案例研究－Kijjaa!網站與手機App（www.kijjaa.com）
設計者－Grisha Sorokin
所在地－莫斯科，俄羅斯

以下是我們在互動設計看到的一些趨勢，我們也認為這些對於未來的互動體驗設計師來說，相當重要：

互動的新方式

當這些裝置變得越來越複雜後，我們也發展了從多點觸控螢幕到語音指令等更新且更有用的方式，來與它們互動。決定正確的「使用者與裝置」之間的互動方式，要依裝置「如何使用、何時使用以及用途是什麼」來加以判斷。使用者會需要按鍵來輸入文字嗎？有機會讓他們足夠清楚的說話，讓語音辨識可以適當的運作嗎？要如何回應他們呢？還有當他們使用這些非傳統資料輸入方式時，要用哪些方法來導引他們？

跟使用者一起研究、測試，對於找出這些問題的答案會很有幫助。

收集更多資料，到處都有資料

設備會從我們身上獲取資料。GPS這類感應器，已經內建在手機與各種裝置內。新的感應器也會收集各種個人資料，例如我們一天所行走的步數、到心跳、血壓，甚至還會記錄昨晚睡的好不好，也就是幾乎無所不在。我們會希望在需要的時間地點，運用這些資料，同時也希望這些資料是安全與保密的。

新的資料當然也會帶來新的複雜度——這些複雜度便要由使用者經驗設計師來加以簡化，發揮效用。

體驗的生態系統

隨著擁有的裝置數量越多，更多個人相關的資料也隨之被裝置搜集，我們會期待資料可以互相整合在一起。有可能是想要將這些個人資料，例如上次運動的紀錄－最大心跳數與燃燒卡路里數，收集在手錶裡。甚至利用行動裝置協助我們決定去哪裡或吃什麼。

有時我們可能想要透過手機來遙控電視，或是利用手上的腕表當做遊戲手把，來控制平板電腦玩遊戲。因此，裝置彼此間必須無縫地連結、傳送資料、顯示資訊以及互動等。這些內在的體驗，也就是體驗的生態系統，都需要加以設計，而且要交給使用者經驗設計師來進行設計。

思考回應

面對著市面上過多種的螢幕解析度，設計可說是已經越來越難了。而要同時保證未來的新解析度都能適用，當然也會變得越來越難。雖然面對這些挑戰，許多客戶仍舊希望讓網站在不同的螢幕上看起來都很棒：他們希望可以在行動裝置、平板電腦與桌上型電腦都能使用。到底要怎麼辦呢？我們當然不可能為所有解析度都進行設計。

目前解決此類問題的方法之一，便是使用回應式網站。回應式網站是以彈性格線的方式，調整以配合使用者的瀏覽器寬度。讓網站在較小的行動裝置螢幕上，也能呈現跟較大的桌上螢幕一樣的內容。這樣的內容是動態的調整，並非簡單的縮窄或放大體驗，而是像重新排列、轉換或移除內容、導覽與使用者介面元素的方式，以形成最佳體驗。

雖然聽起來很棒，不過為了要達成這項設計，便須修改作業的方式。不能再以畫素的方式來思考，而是要體認您的設計不會是最佳像素化。天啊！也就是要以百分比來思考。重新設計的元素，在縮放的時候，會有自己的縮放百分比率。

除了修改作業的方式，您可能也需要變更跟客戶討論設計的方式。不要再使用每種解析度下的平面樣式，而應改用建立原型的方式。

當然有許多障礙還需克服，例如使用圖片最有效率的方式，或如何管理廣告元件等。雖然有著這些挑戰，不過這種方法的勢力已經越來越大。新的解析度會不斷的開發出來，結束那些具有困難功能與商業規範要求嚴格的複雜網站。使得回應式網站成為一種可行的選項，來替代掉固定寬度的設計方式。

欲從建立者立場了解更多回應式設計，請參考
《Responsive Web Design》，Ethan Marcotte
著，A Book Apart出版，2011年。

品牌的未來

—— Randy J. Hunt 撰文
Etsy公司創意總監

品牌的未來位於範圍重疊且邊界模糊之處。這是一個網路與離線相互結合,產品與品牌密不可分的地方。

放眼未來,如果專注於我們來自何處,以及我們現在的位置,可能會更有幫助。我們曾經待過的地方,便是設計師可以用來說故事,以一致的敘述方式包裝商業與想法,並以視覺上的機智、新穎與效率來傳達之處。今日的許多設計師已經到達新的層次:他們構思、設計和品牌化自己的產品。

現在我們正處在一些特別事物的界限,這是一個設計師必須同時製作產品並建立品牌的地方。產品已經變成品牌的主要代言人,品牌本身亦可被視為產品。當我們觀看網路產品時,情況更是明顯。

在這個世界裡,產品本身便是品牌的代言人。任何滑擦、特定手勢,或提示聲的回應,都能建立與加強品牌的特質。

這一種橫跨單純「品牌化」的延伸,比較像是一種體驗。瞧!當我們進行滑擦、傾斜裝置,與分享資訊時,便是在參與創作、傳播或揭示此品牌經驗。

身為互動(或體驗)設計師,我們有相當獨特的機會,可以創造出這些體驗。事實上,我比較不想將之稱為「機會」,而比較想把它叫做「責任」!

社群

這些新的裝置可以發揮最大功效之處,便是當他們幫我們連接到我們所關心的人時。社群網路並不是新發明的東西,因為千百年來,我們已經建立社群網路並連接成自己的人脈。不過現在藉由數位社群網路的發明,我們便可以跟過去的朋友,例如跟學校同學、工作上的同事、甚至是那些從未在現實生活中見過面,卻因相同興趣而結合的朋友,彼此建立連結並加以維護。我們可以被動地分享個人資料,例如我們消費過的內容或讀過的書,這種連結的類型與力量,也變得越來越加重要。

社群網路提供使用者強大的工具,但若沒有仔細照顧到隱私性與使用者的感受時,那些同樣的社群網路,可能就會令人害怕且勢不可擋。設計一項從「以使用者為中心」的觀點,也就是使用者的需求與關注都列入考量的體驗,來結合進社群網路中,便可降低疏離顧客的可能性。

自訂化、個性化、個人化

最後,最成功的新體驗將是在我們想要的時候,便能提供我們所要的。它們會預測您的需求,並提供相關內容、資訊、新聞、連結與功能,而不必主動要求。未來的使用者經驗將會了解我們是誰,我們想要什麼?然後主動提供我們。它們也會提供新內容的建議,也就是依據我們的消費習慣,推測可能會感興趣的東西。它們也會知道我們經常聯絡的人有哪些,以及想要分享哪些內容給對方。這些新的應用程式將會提供我們獨特與個性化的體驗,而且是專門為您而製訂的。

「使用者為中心」的設計

互動設計的未來是相當豐富的,有越來越多的體驗需要被設計出來。我們所期望的東西也會越來越複雜,新的技術將提供我們新的資料來源。我們也會從互動的體驗裡,期待更多、要得更多、需求也更多。不過真的不必擔心未來到底會帶來什麼新的奇蹟?新的裝置會問世,我們與它們之間也會有新的互動方式。它們也將更了解我們,也會彼此交談,分享資料。這些裝置會持續將我們連結到關心的人,最後則會在我們想要的時候,便給我們想要的東西,當然前提是這本來就是他們被設計出來的目的。

未來的互動體驗會成功的條件,便是在持續符合我們的需求與渴望,而且是用簡單、易學、易用的方式。換句話說,若我輩設計師持續把真實的人們放在設計流程的中心,努力了解這些人是誰,以及他們想要什麼,如此設計出來的應用程式,便將以更有用也更令人興奮的方式,滿足他們的需求。

「最棒的介面是存而不察的。它不會擋您的路，
　讓您照自己的方式過生活。」

—— 引述自Amber Case
　　Geoloqi.com共同創辦人

"The best interface is invisible. It gets out of the way and lets you live your life."

Amber Case,
cofounder, Geoloqi.com

參考資源

以下的清單所列出的網站或人士，除了本書所提到的以外，還包括了一些我們建議您應該造訪的網站或人士（@後面為可關注追隨的Twitter帳號）。

參考網站：

5by5.tv - @5by5
設計師、開發人員、創業家、電腦怪傑、書呆子們的廣播頻道。

alistapart.com - @alistapart
適合製作網站的人。

boxesandarrows.com - @boxesandarrows
設計背後的設計原理。

dontfeartheinternet.com - @jessicahische & @strangenative
給非網頁設計師學習的HTML與CSS。

fastcodesign.com - @fastcodesign
歡迎到Fast Company的Co.Design網站，這是一個商業與設計「碰撞」之地。

gamification.org - @gamification
專供遊戲設計與遊戲研究的「遊戲化」維基網站。

geeksugar.com - @geeksugar
簡單的「如何做」步驟說明、技巧，也介紹很酷的網站、科技新玩意、新聞等。

lynda.com - @lyndadotcom
協助學習、專精與運用數位科技與技巧。

mashable.com - @mashable
最大的獨立新聞資源，範圍涵括網站文化、社群媒體與科技。

measuringusability.com - @msrusability
易用性和統計：如果有做出來，我們便加以丈量。

methodandcraft.com - @methodandcraft
探索創意思維與存在於每個像素中的美。

netmagazine.com - @netmag
世界上最暢銷網路設計師與網站開發者的雜誌，1994年創刊。

offscreenmag.com - @offscreenmag
新的綜合型雜誌，關於介面的「人性面」。

patterns.ideo.com - @ideo
我們是世界級的設計諮詢公司，透過設計來建立衝突。

psfk.com - @psfk
找尋新想法或靈感時該來的地方。

rockpaperink.com - @rockpaperink
讓設計師一起分意見、創意與熱情的園地。

sectio 508.gov
讓大家了解與執行508法案（網頁相關法規限制）的參考資源。

silverbackapp.com - @silverbackkapp
設計師與開發者的易用性測試軟體。

smashingmagazine.com - @smashingmag
專業網站設計師與開發者的線上雜誌。

techcrunch.com - @techcrunch
最新科技新聞與觀點。

techsmith.com - @techsmith
個人與專業用途的螢幕畫面截取與錄影軟體。

ted.com - @tednews
包括#TED: TEDTalks、TED會議、TED Prize獎的所有新聞。

tuaw.com - @tuaw
關於蘋果公司的非官方部落格。

useit.com
好用的資訊科技。

uxmag.com - @uxmag
透過頻繁公佈的高品質文章，定義與告知使用者經驗（UX）的複雜領域，適合專家與新人。

uxmovement.com - @uxmovement
先進的使用者經驗／介面部落格，透過設計讓網路變得更美好。

uxpond.com - @uxpond
使用者經驗相關部落格、刊物、討論區、事件、UI模式與工具所專用的搜尋引擎。

uxurls.com - @uxurls
使用者經驗匯集器。

w3.org
全球資訊網聯盟（W3C）是國際性的會員組織，由全職工作人員與大眾共同攜手合作開發網際網路標準。

推薦閱讀書單：

《100 Things Every Designer Needs To Know About People》，Susan Weinschenk著，New Riders出版，2011年。

《Content Strategy for the Web》第二版，Kristina Halvorson、Melissa Rach著，New Riders出版，2012年。

《CSS3 for Web Designers》Dan Cederholm著，A Book Apart出版，2010年。

《Designing for Interaction: Creating Innovative Applications and Devices》第二版，Dan Saffer著，New Riders出版，2009

《Designing with Agile》，Anders Ramsay著，Rosenfeld Media出版，2012年。

《Designing with Web Standards》，Jeffrey Zeldman著，New Riders出版，2009年。

《Don 't Make Me Think》，Steve Krug著，New Riders出版，2005年。

《Duct Tape Marketing: The World 's Most Practical Small Business Marketing Guide》，John Jantsch著，Thomas Nelson, Inc.出版，2011年。

《Handbook of Usability Testing: How to Plan, Design, and Conduct Effective Tests, 2nd Edition》，Jeffrey Rubin、Dana Chisnell著，John Wiley &Sons, Inc.出版，2008年。

《HTML5 for Web Designers》，Jeremy Keith著，A Book Apart出版，2010年。

《Learning Web Design》，Jennifer niederst Robbins著，O'Reilly出版，2012年。

《Marketing in the Age of Google》，Vanessa Fox著，John, Wiley & Sons, Inc.出版，2010年。

《Mobile First》，Luke Wroblewski著，A Book Apart出版，2011年。

《Ordering Disorder: Grid Principles for Web Design》Khoi Vinh著，New Riders出版，2010年。

《Responsive Web Design 》，Ethan Marcotte著，A Book Apart出版，2011年。

《Sketching User Experiences: Getting the Design Right and the Right Design》，Bill Buxton著，Elsevier Science出版，2007年。

《Tapworthy: Designing Great iPhone Apps》，Josh Clark著，O'Reilley Media出版，2010年。

《The App & Mobile Case Study Book》，Rob Ford、Julius Wiedemann著，Taschen出版，2011年。

《The Design of Everyday Things》，Donald A. Norman著，Basic Books出版，2002年。

《The Elements of Content Strategy》，Erin Kissane著，A Book Apart出版，2011年。

《The Elements of User Experience: User-Centered Design for the Web and Beyond》，Jesse James Garrett著，New Riders出版，2010年。

《The Graphic Designer 's Electronic-Media Manual: How to Apply Visual Design Principles to Engage Users on Desktop, Tablet, and Mobile Websites》Jason Tselentis著，Rockport Publishers出版，2012年。

《The Internet Case Study Book》，Rob Ford、Julius Wiedemann著，Taschen出版，2010年。

《The Web Content Strategist 's Bible》，Richard Sheffield著，CreateSpace出版，2009年。

值得在TWITTER上跟隨關注的25個人：

Aaron Koblin - @aaronkoblin
藝術家、書呆子、Google Data Arts Team（資料藝術小組）指導。

Amber Case - @caseorganic
機械輔具學者，研究人類與科技之間的互動。也是UX設計師、TED演說家、geoloqi.com網站共同創辦人。

Anders Ramsay - @andersramsay
設計師、製造業者、創業家。

Claudia Bernett - @claudybee
數位藝術家／設計師與Collective Assembly公益設計組織負責人。

Dan Saffer - @odannyboy

《Designing for Interaction》與《Designing Gestural Interfaces》等書的作者。

Dana Chisnell - @danachis

Usabilityworks首席研究員。

Jared M. Spool - @jmspool

只是一個對「建立良好使用者經驗」想得很多的人。

Jeffrey Zeldman - @zeldman

《Designing With Web Standards》一書作者，Happy cog™ 設計公司、A List Apart網站創辦人。

An Event Apart公司、The Big Web Show公司、A Book Apart出版社共同創辦人。

Jennifer Bove - @jenniferbove

互動設計師、Kicker Studio負責人。

Jennifer Robbins - @jenville

互動與視覺設計師、O'Reilly作者、一位母親、搖滾明星訪問者。

Jon Phillips - @jophillips

網路美好事物的製造者、UX設計師、音樂家、創業家。

Josh Clark - @globalmoxie

設計師、開發者、行動裝置專家，緬因州排行第十一強壯的人，「Tapworthy」一書作者。「Couch to 5K（跑步計劃）」創立者、而且還是一個搗蛋鬼。

Kel Smith - @kelsmith

創意科技家，努力建立更多美好。

Khoi Vinh - @khoi

Mixel.cc共同創辦人、subtraction.com的部落客、前紐約時報網站設計總監。

Kimberly Bartkowski - @kimmiikat

Arnoldnyc廣告公司數位創意總監。

Kristina Halvorson - @halvorson

Brain Traffic內容網站CEO與創立者。

Linda Holliday - @lmholiday

開發新優質數位出版公司的天使投資人、創業家。

Liz Danzico - @bobulate

設計師、教育家、編輯。

Luke Wroblewski - @lukew

加州矽谷的數位產品設計師與策略者，以Mobile First、Bagcheck、Web Form Design…等聞名。

Matt Jones - @moleitau

穿越所有時空的無聊聲明！

Nick Myers - @nickmyer5

Cooper品牌設覺設計管理總監。

Randy Hunt - @randyjhunt

在凱旋、勝利與愛的故事之外，是Etsy原創手工藝品網站的創意總監。

Seth Godin - @thisissethsblog

squidoo.com創辦人、作家、部落客。

Susan Weinschenk - @thebrainlady

心理學家、UX作家。

Whitney Hess - @whitneyhess

獨立使用者經驗策略師與管理顧問。

內容提供者

AGENCY MAGMA
USA（美國）
agencymagma.com

ALL THINGS MEDIA
USA（美國）
allthingsmedia.com

ANDERS RAMSAY
USA（美國）
andersramsay.com

CARBONE SMOLAN AGENCY
USA（美國）
carbonesmolan.com

CENTRAL
USA（美國）
centralstory.com

CLOCKWORK ACTIVE MEDIA SYSTEMS
USA（美國）
clockwork.net

COPENHAGEN INSTITUTE OF INTERACTION DESIGN
DENMARK（丹麥）
ciid.dk

DINIS MEIER AND SAMUEL BAUER
Zurich University of the Arts（蘇黎世藝術大學）
SWITZERLAND（瑞士）
zhdk.ch

DREAMSOCKET
USA（美國）
dreamsocket.com

ETSY INC.
USA（美國）
etsy.com

FUNNY GARBAGE
USA（美國）
funnygarbage.com

GEOLOQI
USA（美國）
geoloqi.com

GESTURE THEORY
USA（美國）
gesturetheory.com

GOOGLE
Worldwide（全球）
Google.com

HAPPY COG
USA（美國）
happycog.com

JON PHILLIPS
Canada（加拿大）
jonphillips.com

KHOI VIHN
USA（美國）
subtraction.com

KICKER STUDIO
USA（美國）
kickerstudio.com

KIJJAA!
Russia（俄羅斯）
kijjaa.com

LUDLOW KINGSLEY
USA（美國）
ludlowkingsley.com

METHOD INC.
USA（美國）
method.com

NEW YORK CITY DEPARTMENT OF HEALTH AND MENTAL HYGIENE
USA（美國）
nyc.gov/health

POP
USA（美國）
pop.us

PRICETAG
USA, Ecuador（美國、厄爾瓜多）
pricetaghq.com

PSYKOSOFT
France（法國）
psykosoft.net

READABILITY LLC
USA（美國）
readability.com

SEABRIGHT STUDIOS LTD.
USA（美國）
seabrightstudios.com

SECOND STORY INTERACTIVE STUDIOS
USA（美國）
secondstory.com

SEMI-LINEAR
USA（美國）
http://semi-linear.com/

SEVNTHSIN
USA（美國）
sevnthsin.com

SPACES OF PLAY
Germany（德國）
spacesofplay.com

TAG CREATIVE
USA（美國）
tagcreativestudio.com

USABILITYWORKS
USA（美國）
usabilityworks.net

VSHIFT
USA（美國）
www.vshift.com

WELIKESMALL
USA（美國）
welikesmall.com

關於作者

Andy Pratt

您可在此與作者互動——

個人網站：www.andypratt.net

推特帳號：@andyprattdesign

具有12年以上建立得獎的互動媒體經驗。曾協助傳遞多家大型世界知名品牌的願景與策略，包括史密森博物館、芝麻街工作室、卡通頻道、Noggin頻道、The-N頻道、溫納媒體、樂高與透納廣播公司。Andy也是pricetaghq.com（互動的商品自訂報價工具）的共同創辦人。同時也是紐約知名的視覺藝術學院（School of Visual Arts）的兼任教授，在藝術碩士課程裡，教授與互動媒體相關的「Designer as Entrepreneur」課程。Andy也是紐約市這家Funny Garbage互動廣告商的創意總監。

Jason Nunes

您可在此與作者互動——

個人網站：www.jasonnunes.com

推特帳號：@monkeyprime

已經使用「以故事為本、以使用者為中心」的設計流程超過15年，協助建立創新、直觀且有趣的經驗給軟體、網路、行動網路、App與一些如機上盒之類的裝置所使用。Jason管理跨國專案、領導組織嚴密的團隊，並擔任許多不同客戶的諮詢顧問，穿梭於多種事業層面，包括媒體與娛樂事業、金融，電信，醫療保健和技術。

客戶包括ABC新聞頻道、BBC、花旗銀行、CNN、可口可樂、艾迪斯娛樂製作公司、ILM廣告製作公司、麥格羅希爾高等教育、大都會人壽、Monster耳機、MTV頻道、諾基亞、國家廣播公司、Orange電信、路透社、史密森博物館、Teen Nick頻道、Vogue雜誌等。

致謝

我們非常感謝所有的撰稿人、同事與朋友們，所提供給我們的想法、時間與支援。特別要感謝Sarah Coombs的指導，同時也要特別點出幾位大力協助的人：Michael Ferrare、Kimberly Bartkowski、Suzanne Nienaber、Dan Willig、Kristin Ellington、Jennifer Bove、Scott Gursky、William Ranwell、Junko Bridston、Damien Newman、Tony Pratt、Julia Turner、Lisa Armand、John Carlin與Funny Garbage公司等。

我們也要感謝Rockport出版社的小組，因為他們的辛苦與對細節的關注，將一切順利的整合在一起。

We would like to thank all of our contributors, colleagues, and friends for their, ideas, time, and support. In particular, we would like to thank Sarah Coombs for her guidance. We would also like to call out a few others who have gone above and beyond: Michael Ferrare, Kimberly Bartkowski, Suzanne Nienaber, Dan Willig, Kristin Ellington, Jennifer Bove, Scott Gursky, William Ranwell, Junko Bridston, Damien Newman, Tony Pratt, Julia Turner, Lisa Armand, John Carlin, and Funny Garbage.

We would also like to thank the team at Rockport Publishers who put it all together with their hard work and attention to detail.